"Too much of anything is bad,
    but too much good whiskey is barely enough." ————— Mark Twain

# WHISKY
# PAIRING

# 執杯大師的
# 威士忌
# 酒食風味學

從 108 支酒體驗餐酒搭
化繁為簡的品飲樂趣

林一峰 Steven LIN 著

# CONTENTS

## CHAPTER 1 開啓對於威士忌的感官與品味

## CHAPTER 2 從產區、集團風格認識威士忌

CHAPTER

# 3 生活裡的威士忌餐搭學

推薦序 I

去年末，台灣威士忌年度盛會「Whisky Live Taipei」屆滿十週年，主辦單位邀了包括 Steven 和我等幾個從首屆一路參與至今的資深飲者齊聚一堂話當年。

這十年，也是台灣威士忌緊跟全球風向，從萌芽而後全面席捲的十年；那麼，下一步呢？望向未來，又該會是什麼樣？

對此，我提起過往我曾多次定義威士忌在台灣的風行模式：由達人們領頭，積極深入威士忌的知識面，從類型、產地、原料、釀造與蒸餾工藝以至熟成、調和、裝瓶，每一環節均奮勇挖掘鑽研；遂能擺脫早年的浮面印象，在這品味顯學、智識故事為王的時代準確攫獲關注、繼而引領風騷，逐步從菁英族群一路擴散普及至廣大消費群眾，蔚成風潮。

然後，下一階段，走過這「知識狂熱」時代，當大眾對威士忌的了解與喜愛已然足夠穩固充分，我認為，則將進一步更綿密進入日常，越來越與人們的生活和飲食習慣水乳交融、密不可分。

此刻，Steven 的這本書，正是對這美好未來的淋漓具現和反映。

這是一本威士忌飲者的生活之書。展讀過程中，我深有共鳴。

文如其人，一如每回酒聚裡和 Steven 歡談，滿腹威士忌學問的他，說酒論酒卻始終一派寫意輕鬆，自在言笑間，人生裡生活裡與威士忌為伴之法之方、之魅之

樂娓娓流露，如沐春風。

而除了如何認識、如何入門、怎麼選、怎麼飲，還聚焦於和菜餚的相互佐搭——這也是我多年來之最沈醉於威士忌的面向：和西方不同，在亞洲，由於菜餚從根本質性上的分外和合，單飲之外，我們也愛與威士忌在餐桌上暢快相見。

以我自己而言，日日餐餐，不管在外或是在家，總時常有威士忌為伴；特別是台味家常菜色，更是我心目中天作無間之配，成為我窺看、理解威士忌的重要角度，以及長年深深繫戀、難能自拔的原因。

書裡，Steven則引領我們來到一家又一家他真心欣賞的餐廳，細細數說店家故事、兩方情緣，以及愛吃的菜色、還有宜飲愛飲的酒款，讀來食欲酒癮俱高張，恨不能一起坐上餐桌，與Steven把盞痛飲，不醉不歸。

飲食生活作家、
蘇格蘭雙耳小酒杯執持者（Keeper of the Quaich）

葉怡蘭

## 推薦序 II

　　過去常有剛接觸威士忌的朋友問我要怎麼練功？我千遍一律的回覆都是先從基本款開始喝！你要先熟悉基本款才能知道酒廠的特色，之後才能體會出高階款的美妙之處！（或是不美妙）

　　也許是因為應酬文化，台灣人早已把威士忌佐餐這件事情當作生活中的日常，所以十幾年前剛接觸威士忌的我，看到書上提到威士忌的餐酒搭配有多麼困難而創新的時候，其實是非常訝異的，也在自己親身實驗後才終於理解西方烹調方式與烈酒搭配的困難，我常跟許多國內外的朋友提到威士忌在台灣的銷售數字不是奇蹟，其實也是深入在地餐飲文化的必然，好吃好喝的東西其實不需要人教，這是每個人與生俱來的本能。

　　前不久聽到一峰兄閉關寫作餐酒搭配新書的時候就很期待，常常在許多酒商的場子裡碰到一峰兄，最讓我佩服的不僅僅是他對於美食的了解與熱愛，更重要的是可以同時講到這些食物與威士忌相呼應的風格與氣味，所以當拿到書稿的時候也就欲罷不能地一路讀了下去。這本書以一峰兄喜愛的不同風格餐廳做為骨架，先介紹了餐廳與菜色，然後從特色菜餚中選出可以搭配的不同酒款，並在介紹酒款的同時也解釋了為何選擇這支酒款的原因，進而讓讀者理解餐酒搭配的原則。而最值得提到的，就是一峰兄完全使用市面上最容易取得的一般基本款威士忌來搭配，所以讀者可以很輕易地取得這些酒款去搭配類似的菜系！

　　這本書不僅僅適合愛好威士忌的酒友，也適合所有喜歡美食的老饕，讀者看完書後絕對會跟我一樣想呼朋引伴一起去吃吃喝喝！

蘇格蘭執杯大師（Master Keeper of the Quaich）

**姚和成**（Kingfisher）

　　曾經有媒體朋友採訪，談的是男人的夢想，20 歲、30 歲、40 歲時，到現在 50 歲了，自己的夢想是什麼？

　　20 歲的時候想當一位作家，那時候非常迷戀日本作家村上春樹的文筆，他總是用著浪漫的不得了的文字，書寫著那些在酒吧裡啜飲著威士忌，聽著爵士樂，談著若有似無感情的男女。聽說村上春樹在年輕時開了家爵士酒吧，有一年生意突然不好了，他就開始坐在那張每天削馬鈴薯的小桌子寫起了小說，從此踏上了知名作家之路。這個故事讓人神往。於是乎，我在 20 歲出頭就開了酒吧，作家沒當成，卻成了酒吧老闆。

　　30 歲的時候對探索人生的秘密非常感興趣，那時候有一群朋友每天坐在酒吧裡討論著怪力亂神的話題，有人對星象學很厲害，有人精通生命靈數，有人常常跑宮跑廟找老師算命，在他們口中永遠有說不完的故事，有人透過瑜伽冥想來了解生命，有人用八字、紫微斗數、易經來接近宇宙萬物運行的道理，這些奧妙而迷人的話題，跟著我們度過那段有趣而美好的奇幻時光，結果，人生的道理還沒完全搞清楚，我卻成了一位易經老師。

　　40 歲的時候夢想著探索世界，想知道這個世界上不同國家的人們，居住在不同的土地，有著不同的文化，受著不同的教育，活在不同的社會階層中，卻跟我一樣，生活在同一顆星球，望著同一片天空的人們，他們是用什麼方式來看待這個世界？所以我開始更頻繁地拜訪世界上不同的城市，學習用別人的眼光來看事情，軟化自己僵硬掉的私心，挖開自己的固執，來看見這個世界更多的可能性。

　　50 歲的我希望轉被動為主動，自己不再是蜻蜓點水的旅行者，夢想著透過分享，讓生命有更多不同知識和文化的撞擊，不再汲汲營營於滿腦子的標準答案，放下固執的成見，隨時迎接生命中意料之外的驚喜…。

媒體朋友問完了生命中的夢想，接著問我威士忌之中有沒有夢想等級的逸品？

我認真地想了想，腦子一片空白。

我想，威士忌之於每一個人的作用和意義不一樣，有些人需要買醉，忘卻生活中那些拋不掉的小煩憂；有些人需要透過威士忌來社交，那豐富的話題、品味的陶養、美味的探討，與朋友交歡之中，威士忌是完美的催化劑；有些人喜歡收藏，威士忌擺著看比拿來喝更吸引他，像是藝術品一樣，酒櫃上陳列出自己心愛的嗜好，慢慢欣賞。那我呢？或許初進威士忌的世界是因為夢想成為作家，後來透過威士忌交了許多好朋友，也因為威士忌作為媒介，讓我走遍世界許多不同的城市，體驗了不同的文化，了解了許多不同的人看待威士忌不同的眼光，因此，威士忌之於我，有了屬於自己不同的見解。

過去的時代，我們習慣接受大眾媒體的訊息、商業性的行銷術語，它們教導我們喝什麼威士忌可以跟成功人士的形象畫上等號，喝什麼品牌的威士忌就是懂得生活的品味人士，在那樣的時代，我們很容易對夢幻逸品的標準答案脫口而出。

新時代觀念快速的改變，新時代的人們不喜歡被定義，每個人都希望自己與眾不同，所以也呼應在威士忌的市場上，有些人從喜愛干邑或調和威士忌轉成更具個性的單一麥芽威士忌，再從大眾的單一麥芽威士忌走入小眾的獨立裝瓶廠或是單一桶威士忌，甚至是私人包桶威士忌，這樣的變化似乎跟著全世界人們追求自我認同的想法隱隱呼應。

那到底哪一支威士忌才是真正的夢幻逸品？

應該說在未來的新時代，這是個「錯誤的問題」，當我們擺脫了傳統價值的商業營銷設定，每個人都有屬於自己威士忌的見解。酒評分數？市場價格？年份高低？限量稀有？都不再是決定夢幻逸品的標準條件了，而真正的夢幻逸品，答案存在於每個人自己的心中，並且，每個答案都是正確答案。

蘇格蘭執杯大師（Master Keeper of the Quaich）

林一峰 Steven LIN

# CHAPTER

# 1

## 開啟對於
## 威士忌
## 的感官與品味

# 用什麼方式
## 認識威士忌最好？

還記得我剛讀大學的時候，從被壓抑的高中生活，離鄉背井，到了一個全新的城市讀書，不受家人的束縛，心靈像隻自由的小鳥，只想要嘗試那些過去被稱為禁忌的禁忌，規則之外的規則。

那時候迷上看電影，當美國人還沒有祭出 301 條款來限制版權的使用時，大學城大街小巷都是小型的地下電影院，我們那時是瞧不上盜版院線片的，因為那不是禁忌，片子裡面的內容對我們來說，都是無趣的規規條條。

那時認識一堆看電影的朋友，我們研究「電影筆記」時代的新浪潮電影，認識了當電影被創造出來時，這個作品已然完成且獨立，而當觀眾進戲院觀賞時，對這部電影的看法、對電影的解讀，就是屬於觀眾自己全新的創作。因此，我每天都懷著自己是藝術創作家的想法，買張不限制觀賞次數的票卷，早上帶著兩個便當進電影院，在裡面打發兩餐，一部接著一部看，寸步不離，看到凌晨打烊才從電影院的角落，像個幽靈般甦醒過來。

那時候，幾乎把法國新浪潮（The New Wave）電影的每一部片子都看過了，尚盧高達的《斷了氣》，艾力克侯麥的《綠光》，楚浮的《四百擊》，雅倫雷奈的《去年在馬倫巴》，那些快速跳接的影像、不連貫的敘事，比起年輕時覺得那些成規成矩的社會價值，真實多了。新浪潮電影的觀念，作者與觀眾之間的關係，面對作品的態度，也在我生命中留下許多影響，後來品飲威士忌時的經驗，也不自覺地將這樣的觀念放了進去。

新浪潮時期的電影作者喜歡在電影裡留下更多開放性的空間給觀賞者，不是給

予制式的價值和答案，他們讓觀影者在觀看電影的過程能進一步思考自己的生命經驗，建立屬於自己的價值。有時候，他們甚至讓演員對著攝影機做出像是觀看著觀眾的行為，當自己坐在電影院裡，彷彿成了被觀看的人，打破了看與被看的界線。

蘇格蘭威士忌目前擁有 100 多家酒廠，每一家酒廠風格都大異其趣，整個產業擁有超過 2000 萬桶的橡木桶庫存，儲存著滿滿的威士忌，每一只橡木桶裡面所盛裝的威士忌都是獨一無二的存在，沒有任何一桶氣味是重複的，因此，我們能從威士忌世界中得到的豐富和愉悅，幾乎可以說是取之不盡的。威士忌帶著龐大的歷史傳承、寬闊的高地胸懷，以及經歷時間的淬煉，我們可以從它們身上學習到許許多多的知識，以及時間的智慧。那一滴滴琥珀般的生命之水，記載著土地氣候的微小變化，和職人代代傳下的工藝，還有橡木桶隨著日月星辰的規律一呼一吸而分享在空氣中的珍釀，讓天使們在酒窖倉庫中尋歡作樂，造就那難以被複製的美麗。

**威士忌怎麼喝決定了自己理解威士忌的視角。**或許從電影筆記時代的觀念來看，當首席調酒師完成了他的威士忌作品，怎麼喝它就是我們的自由，同時也是我們自己全新的創作，而它正巧反映了自己。喜歡乾杯、喜歡醉茫茫，堅持用這種方式喝酒，沒有人可以阻止你。喜歡嫌棄這支威士忌不夠好，喜歡看那支威士忌不順眼，堅持自己的品味卓越，也沒有人能反對你。因為自己的心胸氣度，決定了自己認識世界的寬度，也決定了自己對美好事物的從中領悟。

## 魔鏡、魔鏡，
## 誰是全世界最美的威士忌？

誰是全天下最美的女人呢？就是這句話開啟了一個邪惡童話故事的序幕，小時候喜歡童話故事書，也沒有想太多，缺乏深思的結果，造成我們被種下了下意識反應的謬誤。我們不小心以為全世界的後母都是邪惡而美麗的女人，誤會了王子與公主一見傾心後，從此就會過著幸福快樂的日子，也讓女孩們誤會王子一定勇敢、帥氣而多金，也不小心害得一群覺得理所當然受寵的女孩們全生了公主病。

愛因斯坦曾經說過：「所謂的常識，就是人到十八歲為止所累積的各種偏見。」

在酒類世界裡也有一句童話故事般的魔咒：「酒，越陳越香」。這句話像是真理般用力的鑴刻在飲酒者的心裡，這句不加思索的下意識謬誤，卻深深地影響著我們對酒能否正確的認識。

有一年，我受邀到上海演講，在等候媒體採訪前，被安置在一個 VIP 的房間當中，裡面已經坐著幾位據說是大陸研究酒的權威，

彼此寒暄後，我坐在一位德高望重的大師面前聽他講酒，他說最近他在古遺跡裡挖出了幾罈陳了千年的老果酒，美味不可方物，又談論著古代的封缸技術多麼高超等等。我很認真聽他講完所有細節，並詢問了幾個小問題，確認了那位老先生正是「越陳越香」思想謬誤的受害者，幾乎可以斷定他口中成了精的千年果酒的故事，是則不切實際的天方夜譚。

因為陳年而讓酒被造就的美麗像是拋物線一般，有上升曲線，也有下滑曲線，就像人生一樣。年輕時的火氣和生澀，隨著時間的熟成，變得豐富和圓融，然而，時間因素過度的添加，太豐富可能造成五味雜陳，太圓融可能失去了個性。

**時間在威士忌中是最昂貴的成本，但是平衡才是美感的基礎。**曾經有朋友理直氣壯地對我說，50 年的威士忌肯定比 40 年的好，40 年的肯定比 30 年、20 年、10 年的更好，那些酒賣得那麼貴，一定有它的道理，貴的一定比較好。我只能小心翼翼，在不傷他自尊心的狀況下解釋，在資本主義的社會中，價格的多寡或年份的高低跟美味的好壞沒有絕對相對應的關係。多半和「數量的稀缺性」

以及「品牌的營銷手段」比較有相關聯性。

　　威士忌放在橡木桶裡，隨著時間萃取來自木質的風味，也吸取橡木桶過去裝填物的特別氣味，並透過每個橡木桶不同微細的紋理和環境對話呼吸，慢慢成熟，也慢慢老去。因此，時間讓它持續地變化，這樣充滿活性的成長曲線就像人生一般，每只橡木桶就像每個人一樣的獨一無二，當我們決定把威士忌裝瓶了之後，它還會繼續成熟嗎？也還會慢慢變老嗎？

　　傳統的越陳越香，一大部分是停留在酒裝了瓶，捨不得喝，懷抱著無謂的等待，讓歲月蹉跎了美好的青春，卻忘了威士忌裝瓶的目的，就是酒廠想要它停止陳年，透過裝瓶鎖住美好的瞬間，而不要再被橡木桶有過度的影響了。換言之，對威士忌來說，瓶子裡沒有陳年這回事，一瓶 30 年的威士忌在酒櫃上擺了 30 年也不會變成 60 年。

　　一些堅持越陳越香觀念的叔伯輩，對我們的好言相勸，完全不以為意，他們用自己長達數十年酒齡的親身經歷，反過來教訓我們不懂，「順口」是他們追求唯一的標準。那些所謂的老酒比起新酒順口多了，當然，我們理解裝在瓶中的威士忌隨著時間仍會極緩慢地蒸散、氧化、水合、酯化作用著，但是，要透過氧化或蒸散達成降低酒精度來順口，不用癡癡的等上 30 年，提早把酒瓶蓋扭開，讓空氣進去，放上幾個星期，效果一樣的好。

　　誰是全世界最美的威士忌？童話故事在我們很小的時候老早給了答案，不管皇后怎麼想，隨著時間，原來到了巔峰的美麗皇后只會變老，是不會變得越來越漂亮的呢！

# 該喜歡什麼樣的威士忌？

前幾年，一位從事半導體的新加坡企業家帶著幾位好朋友來拜訪我，他們都是老饕，大家約好在春節的時候，辦一場新春頂級波爾多葡萄酒聚會，在春節的第一天，幾個好朋友齊聚一堂，每一個人都帶兩瓶波爾多酒和一位新朋友，那場聚會，幾乎把波爾多所有的好酒莊都齊全了，大夥兒一邊抽著雪茄，一邊讓葡萄酒帶著我們的話題神遊天地。

多年不見，話題談到這位平常只喝葡萄酒的新加坡朋友，開始改喝威士忌了，如同我對身邊其他友人的觀察一樣，這些年越來越多的葡萄酒收藏家開始認真喝起了威士忌，以前葡萄酒和威士忌涇渭分明的界線慢慢被打破了。新加坡好友帶著幾位新朋友來找我，他們顯然都認真研究威士忌好一陣子了，每個人對威士忌的喜好都有自己清楚的看法，不過，他們來之前聽了新加坡好友對我這個人詳細的介紹，都想聽聽看我對威士忌的看法，也想要認識一下威士忌是不是還有什麼新境界？

我從主流的蘇格蘭威士忌，談到這幾年火紅的日本威士忌，這兩大產區正是他們開始認真喝時所入門的威士忌，也正是他們趕上的威士忌潮流，沒什麼特別的新鮮感。接著，我概略地提了一下風格不同的美國威士忌和加拿大威士忌，以及旭日方昇的愛爾蘭威士忌，這幾款舊時代的威士忌產區，因為氣味迥異於主流的蘇格蘭威士忌風格，因此在那些認為蘇格蘭威士忌和日本威士忌才是王道的老饕心中，放不進別的愛人。於是乎，我將話題轉向台灣威士忌和印度威士忌。他們非常驚訝台灣和印度威士忌用著和蘇格蘭以及日本威士忌一模一樣的設備、原料、製程、橡木桶管理，卻因為環境氣候的差異，造就了屬地的特殊氣味，以及創造了亞熱帶威士忌不停的國際大賽奪冠之旅。

「台灣只有噶瑪蘭威士忌嗎？印度竟然有好威士忌？」

很好，十幾年前當我開始協助日本三得利公司推廣日本威士忌，在面對消費大眾的演講時，大部分人們也是如此相同的反應。

當我端出了台灣另一家南投酒廠的威士忌和來自印度的威士忌，新加坡朋友們訝異並滿足於南投酒廠威士忌中帶著獨特的烏龍茶香，以及驚豔於印度雅沐特酒廠威士忌中那渾厚飽滿帶著香料氣味和奶香的口感。是的，這就是威士忌世界中不可忽視的新世界。

「麥卡倫如何？這是我最愛的威士忌。」

「麥卡倫很好，它的特色是以獨特的小型蒸餾器，蒸餾出厚實飽滿的酒體，配合最嚴謹的橡木桶管理⋯。」

「皇家禮炮如何？它是我平常的應酬酒。」

「皇家禮炮很好，對我而言，調和式威士忌是將不同美麗的元素融合在一起，就像是指揮家引領不同的樂器讓他們各司其職，如同一個交響樂團般發出悅耳的樂章。」

「我喜歡麥卡倫，除了麥卡倫，你會推薦我喝什麼威士忌？」

喜歡麥卡倫的那位朋友繼續發問，於是乎跟隨著話題前進，我們又繼續喝了麥卡倫、格蘭多納、高原騎士、格蘭花格、布納哈本，我們把來自不同蘇格蘭產區的雪莉桶陳威士忌都喝喝看。

「我還是喜歡麥卡倫，它有股特別奶油般的圓潤感，雅沐特威士忌是藥草香，南投威士忌是茶葉香，格蘭多納是香草味（Herb），高原騎士有股煙燻培根味。」

這位喜歡麥卡倫又喜歡雪莉桶陳的朋友心滿意足地確認了自己的喜好。而另一位一直靜靜聽我們說話的朋友突然開口問：

「Steven 你到目前為止回答了我們所有的問題，沒有聽見你不喜歡的威士忌呢？」

另一位朋友又問：「那你最喜歡的威士忌是什麼？」

對許多人來說，接近威士忌有不同的意

義，「買來擺」的威士忌跟「買來喝」的威士忌在選擇上是完全不同的價值觀，有些人重視威士忌的 CP 值（價格和質量上的平衡），有些人在試過許多酒之後仍獨鍾一味（我指著那位喜歡麥卡倫的朋友），都是很好的。

對於我來說，因為泡在威士忌裡太久了，對威士忌產生了感情，因此不會對人家說，我討厭誰誰誰，我喜歡誰誰誰，我通常會形容，家中大姊長得俏、二姊特別溫柔、三姊腦子轉得快、四姊手藝好、五姊長袖善舞，每支威士忌就像是自己的家人，當我們能看見它們的美好，威士忌也能回報給我們它的美好。

人們會從自己的喜愛裡反映了自己，我最喜歡的威士忌是什麼不重要，重要的是你喜歡什麼樣的威士忌。

# 威士忌醬缸中
# 的醍醐味

　　前一陣子看了本談爵士樂歷史的書，作者是位爵士樂手，他回憶小時候，他住在美國爵士樂發展最火熱的城市，他住的那條街，每個人家裡的留聲機播放的爵士樂從早到晚不停歇，他父親非常喜歡爵士樂，父親跟他的好朋友在工作之餘談的全是爵士樂，一起喝酒吃飯時，談的也是爵士樂，打開收音機，轉開的還是爵士樂的頻道。

　　有一次，他在父親身旁，收音機裡正巧傳來一首新曲子，聽不到幾秒鐘的時間，他的父親就能正確無誤地告訴他，現在這首曲子的小號手是誰，因為那位小號手在吹某幾個音符時，總是有著他獨一無二跟其他演奏家不同的細微差異。

　　我有幾位老朋友他們是業餘的古典音樂演奏家，家裡收藏了許多的黑膠唱片和CD，而新時代的愛樂者，多半音樂都藏在電腦裡和手機裡。以前的人不一樣，他們總是喜歡把整面牆擺上滿滿的唱片，再用唱機放出來細細聆聽，每次和他們邊喝酒邊聽音樂時，聽他們聊音樂，總也覺得他們神乎其技。有時候，聚會時大家各自帶唱片，誰也不知道誰帶了哪張唱片來分享，剛放上唱盤，聲音才出來，另一個人馬上就能喊出來這是哪張唱片，哪一年錄製，哪一位作曲家的鋼琴協奏曲，誰是指揮家，主奏的鋼琴手是誰。就算這張唱片沒有人聽過，大家都會摒氣凝神地聽，從那細微的差異中，在我難掩的詫異眼神下，輕鬆猜出這張音樂十之八九的內容。

　　很多朋友會問我如何把威士忌喝出些什麼名堂？嗅覺和味覺的品味是可以鍛鍊的嗎？把威士忌喝懂是不是需要天生的味覺靈敏？

聽到這些問題讓人很開心，因為過去大部分的人問我的是「酒量好是可以鍛鍊的嗎？」，現在我身邊喝威士忌的朋友已經把疑問句從對酒量的關心，轉換成對品味的追求了。

　　以前人們對於酒或是威士忌，大部分只有簡化的思維和價值，討厭酒的人把它當作避之唯恐不及的洪水猛獸，甚至希望訂定規範讓他人不要靠近它，免得被它所製造出來的邪惡所玷汙。另一邊的人，對酒的態度是把它們拿來消愁解悶，酒入愁腸愁更愁，飲酒的目的就是要茫要醉，醉到忘了天地之間的煩憂，醉到意氣風發，或是詩興大發，這樣的人看似浪漫，多半也品不出酒的好壞，醉翁之意不在酒，自己的向天之志比杯中酒偉大多了，酒只是小到不能再小的配角。

　　真正把酒喝懂的人還是有，但是在所謂君子的眼裡，這不過是小術，愛得太深太切的人就被冠上了玩物喪志的帽子了。

　　現在的時代有著多元複雜的價值觀，我們沒有一套九品官人法就可以把天下人才全都劃分好每個人的品位，我們也沒有科舉制度，擺好那書中自有黃金屋的誘惑，或是驢子眼前的紅蘿蔔，讓每個人以為達成目標之後，從此一生高枕無憂。

　　同時，因為時代沒有單一又肯定而明確的價值觀，沒有讓習慣循規蹈矩的人得以遵循的價值準則，因此，如果我們沒辦法從別人的口中得到什麼樣的威士忌一定最好喝，這樣單純而近乎欺騙的標準答案，或許就會慢慢地開始調整自己、反求諸己，從盲目地追求社會中謠傳的單一價值和答案，轉而重新回頭來認識自己、尊重自己，明白自己的喜好，並累積出不需要和他人比較，屬於自己獨特對事物卓越的品味。

# 怎麼鍛鍊自己
## 對威士忌卓越的品味？

　　初入門的人千萬不要急急忙忙地往舊時代的價值靠攏，不用忙著幫威士忌找分數、找品級、找高低，而是將自己浸泡在這威士忌的醬缸中，慢慢地，醍醐味就出來了。靠顏色深淺、價格多寡、年份高低、品牌大小來認識威士忌，永遠會是待在殿堂外的門外漢。如果像是我認識的那些聆聽爵士樂和古典音樂的朋友一樣，能聽出些所以然來了，就像是在喝威士忌時，能夠喝出當中首席調酒師的個性，喝出蒸餾器大小所造就的酒體厚度，喝出蟲桶冷凝所留下硫味影響的複雜，喝出淨化器迴流後花香純粹的乾淨，喝出橡木因為質地軟硬差異萃取出不同的辛香料味。建立對氣味細微之處的理解和看法，建立唯有自己才能領略的獨到之處，那麼威士忌的醍醐味方才顯現出來了。

　　還是有朋友不死心，又再問，這樣不依賴別人的評價，僅僅將自己浸淫在威士忌的世界裡，真的能夠分辨並了解威士忌的美好嗎？不會很難嗎？

　　舉一個自己生活中最容易理解的例子，我很愛吃牛肉麵，剛開始我會到處去吃不同店家的牛肉麵，也會去見識見識那些常常大排長龍的名店，幾年吃下來，也會了解到自己的口味，愛清燉還是紅燒、細麵還是粗麵、牛腩還是腱子心，慢慢地也會發現，那些排隊名店的風味不一定是你愛的，反而在陋巷的轉角處不小心發現的一家小店成了自己的口袋名單，更讓人欣喜。哪一天，假設朋友端了一碗自己常去館子的牛肉麵，要猜一猜是哪一家的作品，觀其色、聞其香、嚐其味，猜個八九不離十，一點都不難吧，牛肉麵如是，威士忌亦如是。

　　**領悟沒有捷徑，時間浸淫出來的醍醐味最重要**，在威士忌上是，在人身上也是。

# 還在看年份喝威士忌？

親愛的朋友們，你還在看年份喝威士忌？

千萬別覺得不好意思，其實還是有很多人覺得對威士忌來說年份最重要。也千萬別害臊，我還有認識的朋友會在公眾場合大聲地對別人說，他只喝 30 年以上的威士忌，彷彿太年輕的酒，酒質不好，喝了年份低於 30 年的威士忌就會壞了他的品味。也千萬別覺得丟臉，因為我仍然有朋友把威士忌當作葡萄酒一樣，斤斤計較於威士忌的年份，彷彿那一年的麥子生長得特別結實飽滿，蒸餾出來的酒一定是個好年份；而且他把威士忌當天開瓶了一定要喝光見底，擔心就像葡萄酒一樣，開太久沒喝完，品質就會氧化衰敗。

我在好幾次演講的場合提到了約翰走路藍牌，這是一支在大部分人心目中品牌形象相當正面的頂級威士忌，風味深沉而有韻味，口感複雜而不失活潑，酒體溫柔而仍然強壯，帶著淡淡的煙燻味，就像是個有智慧的男人，身上穿著的天鵝絨西裝外套，長年帶著古巴雪茄的氣味。

「約翰走路藍牌就是無年份威士忌」我對著所有參與品酒會的貴賓們說著。

「怎麼可能？約翰走路藍牌不是 35 年嗎？」「這麼高級的威士忌怎麼可能是無年份的？」貴賓們下意識理所當然地質疑著我的說法。

「誰在約翰走路藍牌的酒標上面看見標示 35 年這個數字？」我問了這個問題，大家面面相覷，不知如何回答，讓場面冷靜了下來。

## 瓶身上年份的意義

在蘇格蘭法規的規定，如果在威士忌瓶身上標明 35 年，就表示瓶中所裝的威士忌最低年份是 35 年，換言之，這瓶威士忌中只能用在橡木桶當中熟成超過 35 年的酒液來進行調和，裡面可能有 35 年、40 年、45 年、50 年，或是更高年份的威士忌，因此，35 這個數字表示「最低年份」，不是平均年份，也不是最高年份，必須是要存放在橡木桶內的時間，酒液離開橡木桶或是裝瓶後的時間就不能算數了，蘇格蘭威士忌規定的清清楚楚。

對於蘇格蘭那塊島嶼的環境氣候來說，威士忌在橡木桶當中熟成 12 年左右，算是青春洋溢的威士忌，好似 18 歲的青春少女一般；而熟成 12-20 年的威士忌正是處於高峰期，這時候的風味豐富飽滿、充滿力道、也是最佳蘇格蘭威士忌的代表；而 20-30 年的威士忌像是成年人，有成就的中年人，蘊含著更多歲月造就的豐富經歷，深沉而有智慧，不過也沒有過多年輕時青澀的夢想和衝動了；30 年以上的威士忌像是進入老年期，完全褪去了麥芽威士忌的火氣，進入精神昇華的領域，不過有些老酒的橡木桶熟成，像是累積過多時間歲月的負擔，重重壓在身上喘不過氣來，喝起來帶點生命的苦澀，雖然酒汁風

味極端的複雜，但已經沒有年輕時的歡愉，也少了威士忌該有的活力。

如果一瓶威士忌裡都是用熟成 35 年以上的酒液來調和，以人比喻來說，喝這瓶威士忌就像是進入養老院裡，整個養老院滿滿的老人，裡面或許有幾位有智慧的老人，或許也有看起來比實際年齡輕的老人，或是還有仍充滿活力的老人，以及身體不好沒有太多行動能力的老人。做為一位威士忌調酒師，把它們混調在一起，仍然可以讓這家老人院感覺很高級，不過，有一部分的老人院看起來死氣沉沉，就像不同品牌調合出來的老年份威士忌一樣，說著不同老人院的故事。

我們當然也可以執著喜歡逛老人院的年份高低，不過，蘇格蘭威士忌產業首席調酒師的菁英們，對調和出老人院一樣的氣味不感興趣。所以一瓶好的威士忌調合應該像是社會的縮影，裡面有青少年熱情的酒，有壯年野心的酒，或許還有 35 年以上的威士忌在其中，添加進老年智慧的酒，維持著其中的平衡。

智慧的酒是對威士忌的畫龍點睛，讓威士忌的活力有層次，讓威士忌的熱情有目標，讓威士忌的強壯野心有深度，讓不同年份的威士忌發揮它們的特色，並且在其中找到每一種個性之間最完美的平衡。這才是真正好的威士忌調合的精神。

假設首席調酒師調配出一瓶有 10% 的 12 年威士忌，30% 的 20 年威士忌，50% 的 35 年威士忌，10% 的 40 年威士忌，融合在一起，有驚人的美麗，請問這支酒要標示多少年？以蘇格蘭的法規來說，它只能標 12 年。酒廠會標示 12 年嗎？還是乾脆幫它取個好名字，就不用標示對這支酒沒有意義的年份了。

下次喝威士忌時遇見執著於年份的朋友，可以跟他說，你認識一位朋友他喜歡喝無年份威士忌，那瓶酒叫做約翰走路藍牌。「什麼？藍牌不是 35 年嗎？」此時心中暗笑一聲，咳…容我慢慢道來…。

# 品味威士忌入門
# 的教戰守則

　　許多慢慢擺脫掉傳統對威士忌思考的桎梏、不再浮沉於以訛傳訛的迷思中的朋友，希望能重新拾起自己的五感，透過喝威士忌的鍛鍊，找到更多生活中的樂趣，讓威士忌成為自己的好朋友，在自己學習品味的路上互相扶持。

　　我曾經在幾個公開場合分享過自己過去學習的經驗，不少朋友覺得受益良多，覺得我所分享的方式，避開了過度商業行銷的陷阱，解決了對品牌盲目信仰的迷思，不會因為習慣性對價格貴賤的判定而讓人走彎路，也不會因為著迷於色澤的深淺讓自己只能認識過分單一的面向。並且能明瞭蘇格蘭每一家酒廠獨特精神的價值，分析出自己真正的喜好，理解威士忌世界的浩瀚，學習威士忌寬大的胸懷，放下自我侷限的好惡。因此，這裡用更完整的說明，分享自己累積了 30 年品味威士忌的教戰守則。

## 第一步，要買什麼酒？

　　許多剛入門的朋友，都會透過身邊資深的威士忌愛好者，請他們推薦一兩款威士忌，做為自己入門品飲的基礎款，這件看似正確的行為，常常變成了報明牌，像是博彩簽注的或然率賭注。我聽過許多人跟我說：我以前喝過幾次威士忌，又嗆又辣，不喜歡，所以我就放棄認識威士忌了；我朋友跟我說那支威士忌有多麼好喝，我才喝了一口，就覺得威士忌不適合我；我喝威士忌的場合都是在 KTV 唱歌時拚酒用的，和長輩應酬時在飯桌上乾杯敬酒用的，威士忌喝起來不就是那麼一回事嗎？我的長官只喝麥卡倫，所以我也只喝麥卡倫。

　　威士忌的豐富多元太精采了，難以一言以蔽之，所以通常剛入門的酒友們希望

我推薦一兩支威士忌，我都盡可能地避開像是報明牌般的給予答案，因為，雖然簡答看似正確實用，但是在人們未來長久的威士忌探索旅程中，所謂的正確答案，反而會成為絆腳石，是知識學習的阻礙。

　　我推薦買酒的方式，先估計自己每個月購買威士忌的預算，預算高的多買一些，預算少的買少一點，只買基本款的威士忌，一開始先避開追逐炙手可熱的限量款，遠離價格高昂的高年份威士忌，**先從每一家酒廠、每一個品牌，最初階且價格最親切的無年份基本款開始買起**，因為這樣的威士忌是那個品牌或那家酒廠銷量最大，並且觸及到最多消費者，也是大部分人認識這個品牌的方式，嚴謹的品牌經營者必然對它們有最嚴格的把關，因為這樣的威士忌正代表品牌的精神。從無年份，再買到 10 年、12 年的基本款，預算少的可以每個月買 3、5 瓶，預算多的可以一次買多一點，喝酒預算的多寡並不會影響你學習的質量，但是可以加快你學習的速度。一旦把基本款收集齊全了，邊喝邊學，認真喝出門道，認識酒廠根本的精神，並確認了自己的品味，就能開始自由地發揮了。

避開虛榮的以高年份爲優、價格高爲好、限量版爲佳的初學態度，以最能代表酒廠特色的基本款爲基石，「威士忌品味」這座樓就能蓋得高。

　　一個月幫自己買幾支基本款威士忌，一年下來就有幾十支了，三年至少上百支，這些威士忌別急著喝完，跟釀製酒的葡萄酒不一樣，威士忌蒸餾酒有強壯的酒體和高酒精度，不用擔心變質，有些酒開瓶了放一陣子，甚至更好喝。

　　當我們自己的酒櫃上有著各家品牌以及各家酒廠的威士忌，可以一支一支拿來試，自己喜歡什麼樣的威士忌，不用品牌行銷人員來告訴我，不用朋友或長官來指點迷津，自己做決定。我們每個人從小到大，生活的環境不同，成長經驗不同，飲食習慣不同，對世界的體悟也不同，爲什麼我們喝威士忌的品味要一模一樣呢？

## 第二步，如何善用上百支威士忌？

　　別以爲那些厲害的威士忌老饕們擁有絕對味覺的神力，也別以爲自己只能喝出酒精的氣味是被老天爺虧待了，老天爺原本賜給每一個人五感的能力一樣不偏私，多半是我們自己長久以來忽略自我的鍛鍊，久而久之，嗅覺和味覺就慢慢退化，而失去了感動。老天爺讓我們用五感的能力來認識這個世界，當我們認識世界的方式慢慢退化，對事物的感動越來越少，最後只好在自己貧乏的世界裡越活越狹隘。

　　我平時也會透過威士忌來校正自己的味覺，活化自己感官對事物的感受。酒櫃上除了酒，杯子是必要的工具，幫自己在家裡準備幾只威士忌純飲用的專業聞香杯，週末好心情的時候，我會從酒櫃上找幾支酒下來，分別倒進杯裡，多樣而不多量，多喝而不喝多。這裡推薦五個鍛鍊自己味覺的方式，可以在家裡自己玩玩。

**1. 地區品飲:**

找美國、蘇格蘭、愛爾蘭、加拿大、日本、台灣、印度的威士忌,分別倒小半杯出來,每次 15-20ml,酒量不好的人,甚至可以倒少一點,同時品飲比較,因為都是基本款,所以不會下意識地去分誰高誰低,誰好誰壞,反而馬上可以感受到因為每個國家的原料、風土條件、環境、當地人們美感經驗的不同,造就了威士忌不同的風格,同時品飲,更能分辨出其中細微的差異。

**2. 產區品飲:**

蘇格蘭威士忌有分高地區、低地區、斯貝區、海島區、艾雷島區、坎培爾鎮區,每個區域因為緯度、土壤、地貌,還有複雜的人文差異,造成了風味的差異性,有人說蘇格蘭威士忌因為是蒸餾酒更仰賴製程技術而談不上風土,道聽塗說還不如自己喝喝看,看看自己喝不喝得出來其中的差異。

**3. 水平品飲:**

將同樣主題、不同酒廠的威士忌放在一起品飲。例如:同屬艾雷島的八家酒廠,雖然外界都以泥煤炭風格而一體視之,但是每一家酒廠風格的體現不同,雅柏的蠟質味、樂加維林的人蔘味、卡爾里拉的金雀花香、拉佛格的瀝青味、波摩的皂味、布那哈本的海鹹味、布萊迪的大麥香甜、齊侯門的油酯感。全部一次倒出來盲飲,看看自己是不是猜得出來。

**4. 垂直品飲:**

當我們慢慢認識自己喜歡的風格,找到自己喜歡的品牌或是酒廠特色,就可以在同一個品牌幫自己多收集幾個不同年份,或是不同種橡木桶桶陳的威士忌,這時垂直品飲就能派上用場,例如:格蘭傑 10 年、格蘭傑雪莉桶過桶、格蘭傑波特桶過桶、格蘭傑蘇玳甜酒桶過桶、格蘭傑 18 年、格蘭傑 25 年,在同樣格蘭傑 10 年原酒的精神之下,分辨不同橡木桶過桶的差異,以及後熟時間長短的變化,並

了解到這家以蒸餾出細緻原酒為主要風格的酒廠，有著更長時間的熟成，對風味的影響是什麼？

### 5. 新舊版本品飲：

這也是很有趣的一塊，當我們喝了一段時間，就會開始注意到新舊版本的變化，每個酒集團中決定一支威士忌上市的氣味和風格的靈魂人物是首席調酒師，因此當首席調酒師替換、退休，或是集團策略丕變更換包裝、瓶身，造成新舊版本的差異，也是威士忌愛好者相當感興趣的課題，把新舊版本放在一起品飲，就更能了解其中的差異，例如：BBR 獨立裝瓶商將格蘭路思酒廠的品牌行銷權力歸還給了愛丁頓集團，馬上搖身一變成為 100% 雪莉桶風格裝瓶，就是充滿樂趣的新舊版本比較。

除了推薦五個鍛鍊的方式，有三個必須注意的小技巧，提醒大家。

**1. 控制橡木桶的變因：**

因為橡木桶影響威士忌的風味甚大，有時候我們在水平品飲時，想要透過一系列單一主題、不同威士忌的比較，來了解水源的差異、穀類原料的差異，或是淨化器所產生的差異，然而這些差異較小的細節，很容易被過重的橡木桶風味掩蓋掉了，建議在選擇幾支威士忌出來比較時，控制一下橡木桶的變因，選擇同樣波本桶桶陳風味的比雪莉桶桶陳的好；二次裝填的比首次裝填的好；挑選屬於同樣橡木桶陳風味的比不同橡木桶陳風味的好。

**2. 控制年份的變因：**

一般要比較不同年份的差異，我們會選取同一家酒廠的威士忌來做「垂直品飲」，如果是不同酒廠的「水平品飲」，就會特別小心年份的變因，因為在威士忌的熟成中，年份對風味的影響甚大，當我們要探討不同酒廠風格的差異時，每一家酒廠所選擇的威士忌年份落差太大，就會失焦，失去了比評的意義了，例如：拿 12 年的亞伯樂對比 21 年的格蘭多納，想要了解兩家酒廠雪莉桶風味的差異，最後得到的可能是熟成時間長短的差異。

**3. 控制泥煤炭的變因：**

我們在同時喝不同產區的威士忌時，有可能會把風味非常細緻的威士忌和氣味非常粗曠豪邁的威士忌放在一起比評，這時候喝每一支酒的前後順序就很重要了，蘇格蘭的泥煤炭風味相當霸道，如果放在第一支喝，容易造成後面品飲較溫柔的威士忌喝不出細節來了，這時候就要注意泥煤炭風格威士忌是否有加入戰局，如果有的話，請它往後站，就像小學生一樣，身高最高的站最後面，威士忌口味重的也請它晚點出場，細緻優雅的威士忌先喝。

慢慢地，當我們透過練習，認識了威士忌無比寬廣的風味譜，開始對於威士忌風味的來源充滿著探索的興緻，這時候知識性的吸收才派得上用場，對產區、對製程、對每一家酒廠獨一無二的差異性，透過經驗的對照，才會產生意義。

CHAPTER

# 2

## 從產區、
## 集團風格
## 認識威士忌

# 認識全球威士忌的五大產區

　　全世界有許多國家都在生產威士忌，威士忌泛指採用穀類作為原料的蒸餾酒，
蒸餾完成必須放進橡木桶當中歷經數年熟成，待轉化成美麗的琥珀色，就成了威
士忌。而每個國家主要的糧食不同，因此它們拿來生產威士忌的原料也不同，加
拿大威士忌以裸麥著名，美國波本威士忌又稱玉米酒，蘇格蘭單一麥芽威士忌採
用大麥麥芽作為原料，而蘇格蘭威士忌傳承自最早使用蒸餾來製作威士忌的愛爾
蘭，加上從蘇格蘭取經來發展自家威士忌產業的日本，我們從教科書裡看到的全
球威士忌五大產區，就是愛爾蘭、蘇格蘭、美國、加拿大、日本這五個國家。

這些年，蘇格蘭威士忌和日本威士忌在市場大行其道，愛爾蘭經歷威士忌產業的蕭條後，目前正快速復興之中，美國威士忌這幾年有許多小型蒸餾廠如雨後春筍般地冒出來，除了銷售量快速的成長，也有許多讓人驚喜的小眾新品，而加拿大威士忌呢？美國是加拿大威士忌最大的市場，百分之七十的加拿大威士忌都給美國人喝掉了，它們一直生產著清淡型的平價穀類威士忌供應市場，不過前幾年我去加拿大拜訪威士忌酒廠，發現它們還是有少量生產著又精彩又濃郁的好酒，不過，連加拿大威士忌最重要的恩客美國人都買不到，這種好東西，加拿大人留著自己喝。

## 蘇格蘭威士忌

　　從 1990 年代慢慢興起的這一波威士忌風潮之中，蘇格蘭是領頭羊，它建立了人們追求威士忌品味的標準，特別是單一麥芽威士忌，在過去大家都從事生產著品質優良、口感穩定、品牌形象深入人心，能合理量產的調和威士忌。不過新時代人們需要更能標榜自己獨特品味的威士忌，而蘇格蘭的單一麥芽威士忌有著強烈的性格，記錄了蘇格蘭上百家酒廠中每一家獨到的風格特色，有些酒廠用長時間發酵製作出像是哈密瓜或百香果的漂亮水果味；有些酒廠使用小型蒸餾器讓酒體的油脂感更豐厚；有些酒廠在林恩臂上加裝淨化器，好讓酒液產生更多的迴流，被淨化的酒汁帶有更多的花香調；有些酒廠堅持老式的蟲桶冷凝技法，保留些許穀物發酵時產生的硫味，讓陳年之後的威士忌氣味更加複雜；有些酒廠拿來自土地的泥煤炭燻烤麥芽，把那塊土地古老靈魂的煙燻味放了進去；有些酒廠靠海，

橡木桶躺在海邊的儲酒倉庫中，日復一日地呼吸把海風的氣味也收進了威士忌裡；有些威士忌儲放在收集了西班牙陽光的雪莉酒桶當中，也把那塊土地的熱情也融入了威士忌。

　　因為環境、土地、或人為的製酒技術，所造就每一支蘇格蘭威士忌的獨一無二，正好符合時代的需要，可以提供更多元的價值，以及豐富的選擇性，讓每一個人都可以因為自己獨特的品味，找到專屬於自己的威士忌，因此從消費者的喜愛中脫穎而出。甚至在這幾年，有些備受肯定的高價單一麥芽威士忌華麗轉身，成了拍賣場上的當紅炸子雞，拍賣價屢創新高。讓威士忌的品飲產生了更多的附加價值。前幾年認識了經常出入在拍賣會上買賣法國葡萄酒的藏家們，這幾年他們也將一部分的關注轉移到了蘇格蘭單一麥芽威士忌身上，所以這些年蘇格蘭威士忌一片叫好又叫座，後勢大好。

樂加維林酒廠的發酵室。

樂加維林酒廠裡使用的橡木桶。

艾雷島上的烘麥廠正使用大量泥煤烘麥中。

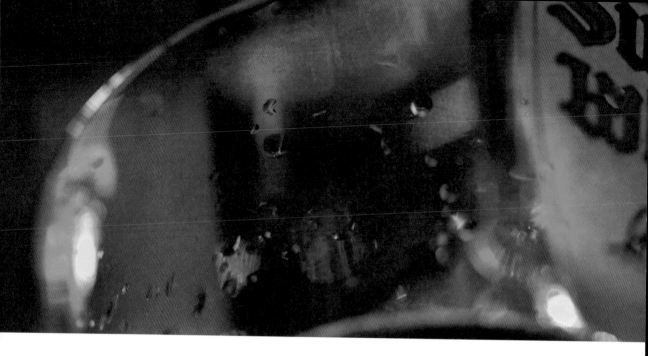

# 日本威士忌

十幾年前，我在協助日本威士忌品牌四處演講推廣時，任誰也沒有想到日本威士忌會有這麼一天，如今，一些高年份高單價的日本威士忌一上市就秒殺，然後再以最快的速度漲上數倍的價格，連基本款的酒，也因為供不應求，價格漲了好幾番。

日本威士忌所有的製程和桶陳觀念幾乎百分之百拷貝自蘇格蘭。當年我和一些歐洲的威士忌專家和收藏家對話時，他們對日本威士忌的了解不深，也都還沒有把日本威士忌當作檯面上的一號人物，直到日本威士忌突然開始連續在國際各項評鑑大賽中奪冠，歐洲的威士忌專家們才開始研究它。他們發現原來日本人除了精細複製了蘇格蘭的製程，還加入許多創新的想法。

我還曾拜訪過日本三得利公司，才了解到日本人專精致志的精神。因為發酵這個工序非常重要，發酵負責把威士忌新酒基礎的味道製造出來，而蒸餾是負責萃取並篩選出酒廠想要的味道，因此與蘇格蘭慣常使用商業酵母不一樣，三得利建立了自己的酵母實驗室，並在酵母菌的研究中深入發展出「飢餓酵母」，讓發酵時釀製出更豐富的味道；日本人也曾經為了製程的方便性，將原來拷貝自蘇格蘭的木製發酵槽，換成不鏽鋼發酵槽，卻在幾年後又換回來木製槽，我問過他們為

什麼這麼做？山崎的酒廠經理告訴我，因為木製發酵槽沒有辦法清洗的像不鏽鋼那麼乾淨，因此木材的毛細孔當中會存活著一些雜菌，當初步發酵結束後，酵母菌完成任務，藏在木材中的乳酸菌就接手下一步的工作，讓發酵液有更多的果香和圓融的口感，這就是長發酵部分果味的由來，而對於乳酸菌應用的發現，最早公布在國際威士忌期刊上的竟然是日本人。

參觀山崎酒廠和白州酒廠的蒸餾室，就會發現他們的每一只蒸餾器的長相都不一樣，跟大部分蘇格蘭酒廠統一的蒸餾器形式大不相同。這麼做的目的是為了配置出倍數於蘇格蘭單一酒廠所生產出新酒的複雜風味，換言之，日本人可以在一家酒廠之中，製作出數十家酒廠的氣味，有助於威士忌調配的豐富性，或許這就是為甚麼日本威士忌頻頻在國際大賽上取得調和威士忌和單一麥芽威士忌桂冠榮譽的原因。除了製程，日本人還發掘出種在北海道的特殊橡木品種來製作橡木桶，叫做水楢橡木桶（Mizunara）。用來熟成威士忌會產生出有如飄盪在寺廟裡的伽羅香，描繪出氣味中幽遠的東方禪意。

日本威士忌喝起來沒有不同於蘇格蘭威士忌，然而卻有一股說不出來的細膩，他們所生產的優質威士忌植基於日本人專注於幽微之美的文化底蘊，這些年終於被世界看到，數十年累積的成果，讓日本威士忌終於攀上潮流的峰頂。

## 美國威士忌

　　美國是全世界最大的威士忌消費國，佔了地利之便，美國波本威士忌不太需要擔心市場的問題，不過，卻也因為擁有如此便利的市場，為了滿足美國人大量低價威士忌市場的需求，忽略了全球威士忌市場的大轉變，被小小海島的蘇格蘭佔了先機，本來有機會成為產業領航者的美國威士忌，卻讓蘇格蘭威士忌成為全球最高端的威士忌品味風潮的領導者。

　　美國威士忌以玉米和裸麥為主，其中也可能加入大麥、麥芽、小麥、燕麥為原料，多半以連續式蒸餾機蒸餾，再放入美國白橡木的全新橡木桶當中熟成。玉米帶來了較甜香的氣味，裸麥給予了少許辛香料的氣味，而全新的橡木桶讓酒色深邃，萃取出更多來自新橡木桶的木質調、香草調、香蕉油的香氣，還有重度炙燒烘烤後讓橡木中糖分轉化的焦糖味。有人喜歡它的甜美，有人喜歡它飽滿的橡木桶氣味，相對蘇格蘭威士忌豪邁率真的高地風味，美國威士忌的濃艷又是另一種品味。

　　這幾年的美國威士忌不容小覷，除了酒業大集團推陳出新，許許多多新建的小型蒸餾廠也做出許多充滿想像力的美國威士忌，有不少的美國威士忌品牌透過加強行銷來面向國際市場，也有不少美國威士忌酒廠複製蘇格蘭的成功模式，例如：除了使用美國本土的白橡木新桶之外，利用來自不同國家、不同風味的橡木桶使用來換桶熟成，像是波特桶、雪莉桶、蘭姆桶、各式葡萄酒桶，熟成出更多不同風味可能性的美國威士忌；還有，對市場推出老饕級別的原桶強度，不拘泥於 40% 的酒精濃度；

甚至出版單一桶原酒或是私人訂製桶的美國波本威士忌，這些動作都讓美國威士忌的市場更加活潑，更吸引原來只鍾愛蘇格蘭威士忌或日本威士忌的老饕們也想對美國威士忌一探究竟。

　　蘇格蘭單一麥芽威士忌的原料規定只能使用大麥麥芽，而美國威士忌的原料有更豐富的可能性，可以是玉米、裸麥、小麥、燕麥或是各式穀類以不同比例的混合，以法國葡萄酒來比喻，蘇格蘭麥芽威士忌就像是單一葡萄品種的布根地葡萄酒，而美國威士忌就像是波爾多的多種葡萄品種葡萄酒。

　　這些年亞洲新興市場有許多的新消費者加入，根據我個人觀察，除了要求喝起來順口不辛辣之外，新加入的威士忌愛好者往往傾向對顏色深、口味重的威士忌有好感，因為傳統觀念是「陳年越久，顏色越深，口感越好」。而許多以全新橡木桶來熟成的波本威士忌，不需像普遍的蘇格蘭威士忌要額外添加焦糖色素，就已經有深邃的琥珀色、加上大量萃取來自重烘焙和炙燒橡木的豐富口味，我相信喜歡又香甜又厚重口感的人，會喜歡美國威士忌，或許這也是這些年全球波本威士忌快速成長的原因之一。

## 愛爾蘭威士忌

愛爾蘭是威士忌的發源地，曾經執世界威士忌之牛耳，所有的威士忌都要向它看齊，卻因爲在 20 世紀初與英格蘭的獨立戰爭和美國禁酒令事件的因緣際會，讓愛爾蘭威士忌失去了最重要的兩個市場，而蘇格蘭威士忌趁機取而代之，一興一衰之間，於是乎愛爾蘭威士忌獨到的三次蒸餾技法沒落下來，原來蘇格蘭的蒸餾技術傳承自愛爾蘭，也因爲愛爾蘭威士忌的沒落，漸漸的三次蒸餾都被二次蒸餾所取代，如今，蘇格蘭只剩下一家在低地區的歐肯酒廠仍存在 100% 三次蒸餾工序的威士忌生產。

19 世紀時，愛爾蘭有上百家威士忌酒廠，到了 20 世紀，整個愛爾蘭威士忌產業最慘的時候只剩下 3 家，令人不勝唏噓。前幾年我受邀去香港的威士忌博覽會演講，認識了一位熱情的愛爾蘭人，當時的愛爾蘭威士忌酒廠沒有人來參展，這位年輕的愛爾蘭人自己租下了一個攤位，準備了幾款愛爾蘭威士忌，現場免費請人喝，介紹來自自己國度的威士忌，相當讓人感動。當時，我們相談甚歡，他跟我分享，這幾年大約有 20 多家的愛爾蘭新酒廠已經開始興建或量產，另外有 20 幾家處於計畫中或正要開發中，他們將再次迎來愛爾蘭威士忌的文藝復興，當他跟我說著這句話時，他淡褐色的眼睛正閃閃發亮著。

在愛爾蘭，超過 400 年歷史的布什米爾酒廠號稱是全世界最老的威士忌酒廠，有一次它的首席調酒師 Colum 告訴我：「愛爾蘭人是全世界最早開始蒸餾威士忌的民族。」當他們教蘇格蘭人蒸餾時，留了一手，所以他們只懂得二次蒸餾；而愛爾蘭人也忘記告訴蘇格蘭人麥芽要用乾淨的熱風來烘乾，所以蘇格蘭人就隨地挖泥煤炭拿來燒用來燻乾麥芽。當然這只是幽默的 Colum 講了一個笑話，千萬別當眞，不過，我們反而可以從這個笑話中，了解愛爾蘭威士忌的特色與鄰居蘇格蘭最大的差別。

愛爾蘭主要是做三次蒸餾，可以取出 85% 左右的新酒，而做二次蒸餾的蘇格蘭，新酒的酒精度約爲 70%，因此愛爾蘭威士忌的風味相對細緻、柔順、花果香四溢，而蘇格蘭威士忌相對來說有強烈的個性，記錄了較多穀物的特色；使用熱風烘乾麥芽的愛爾蘭，做出氣味相對乾淨清爽的威士忌，而使用泥煤炭燻乾麥芽的蘇格蘭，把土地的氣味燻進了威士忌之中，帶有更多屬地的氣味和煙燻感。

一般而言，我推薦威士忌的初學者品嚐愛爾蘭威士忌，比較容易獲得正面的回應，它具有柔細、香甜、花香調、果香調，普遍清新而爽朗的口感，跟蘇格蘭威士忌多元的風格，愛恨分明，像是兩個不同的世界，各自有各自的優點，都很讓人著迷。

## 加拿大威士忌

2016 年，吉姆莫瑞的《威士忌聖經》把當年的世界年度威士忌最高榮譽給了一支加拿大皇冠（Crown Royal）的裸麥威士忌，在老饕世界沉寂已久的加拿大威士忌市場投下一顆震撼彈，又讓大家瘋狂地追逐了起來，一瓶難求，價格水漲船高。事隔一年，我受邀到加拿大演講，去參觀加拿大的酒類專賣店，看到 2016 年那支在威士忌聖經中拿到年度世界冠軍的裸麥威士忌，在店裡的一個角落，堆得滿坑滿谷，我十分驚訝，這麼好的冠軍威士忌怎麼會乏人問津呢？經過了解才知道並不是如此，它只是一件可以被大量生產的大眾化商品。就因爲它得到了冠軍，讓我們對它可能的珍稀投射了過多的想像，造成短時間的風靡而已。

加拿大威士忌的興起有歷史典故，美國在 1919 年頒布了禁酒令這件事情，不只打垮了愛爾蘭威士忌產業，同時也扶植了加拿大的威士忌產業，禁酒令這件事並沒有讓美國的喝酒人口銷聲匿跡，走入地下的結果，催生了黑幫，反而讓美國當

SOLERA 1918
PXW
SOLERA 1918
PXW
055
98
PXW
042
PXW
SOLERA 1918
029
PXW
SOLERA 1918
PXW

也對烈酒的需求不減反增，加拿大和美國因爲地利之便，美國人得以沿著邊境偷偷將加拿大生產的威士忌運進美國，也塑造了加拿大威士忌適合普羅大眾飲用清淡溫和的風格。

其實加拿大威士忌產業大部分的思考是大量生產，供應著全球威士忌最大消費人口的北美市場，所以像是蘇格蘭威士忌或是日本威士忌限量的操作，在加拿大威士忌上幾乎是沒有必要的，相對於其他國家的威士忌產區，加拿大威士忌在全世界受到歡迎，是因爲加拿大大部分生產的威士忌，以裸麥、玉米、麥芽等多種穀類材料，並以連續式蒸餾器來製作偏向於清淡口感的風格，正是因爲它清淡溫和的口感，受到調酒師們的熱愛，在歷史上，許許多多調酒師爲它設計了不少膾炙人口的酒譜，留下了不少經典的作品。

介紹兩款用加拿大裸麥威士忌做基礎的經典調酒，不用準備很多材料，或是大費周章，在家也能輕鬆做。第一款是威士忌愛好者眾所周知的 Old Fashioned（老派風格），準備一只寬口老式酒杯，丟進一顆方糖，在上面滴上幾滴苦精，壓碎，加入冰塊，倒入威士忌，完成。看似很簡單，因爲這道酒譜傳承了許多年，每一位調酒師都會將自己的獨門秘技放了進去，變化萬千。第二款是 Manhattan（曼哈頓），在老式酒杯中加滿冰塊，將威士忌和 Rosso Vermouth（甜苦艾酒）一起倒進去，讓它充分混合，加上一兩滴苦精和一顆櫻桃裝飾，完成。我有一個作家朋友，以前每次到我的酒吧，都會點一瓶葡萄酒，不喝葡萄酒的時候，通常會喝不曼哈頓，面對酒量甚好的她，我都會自動將加拿大威士忌換成波本威士忌，一分威士忌的量改成兩份，對她來說這才夠味道。

# 世界上
# 其他產區的威士忌

## 台灣威士忌

　　我想這幾年台灣威士忌在全世界的曝光度甚至不低於世界五大產區的威士忌，噶瑪蘭威士忌在短短 10 年之中，獲得超過 300 面獎牌，曾贏得過 WWA 世界最佳單一麥芽威士忌、世界最佳單一桶麥芽威士忌，也贏得過 IWSC 及 SFWSC 年度蒸餾廠的殊榮，噶瑪蘭酒廠創辦人甚至在 2018 年獲頒 WWA 威士忌名人堂的最高榮譽。而台灣另一家南投酒廠的 OMAR 威士忌也不遑多讓，每一年度的世界威士忌大賽公布，穿金戴銀總是少不了它們的蹤跡。

　　台灣威士忌的快速崛起，在國際上獲得許多的聲量，有一部分的原因是因為它打破了過去人們對於威士忌必須在溫帶地區的寒冷氣候下緩慢熟成才會有好味道的觀念，台灣地處亞熱帶區域炎熱氣候所造就的快速熟成，形成這塊土地獨特的威士忌風味，辨識度高、風格明顯、香氣飽滿、口感華麗，短短的時間已經有一群死忠的愛好者開始追隨。但是，也有一群人堅信著緩慢熟成才是王道，年份很重要，時間是把永遠不能被取代的鑰匙，只有這把鑰匙才能開啓美味的秘密。

　　在研究台灣南投酒廠的 OMAR 時，除了因為氣候造就的快速熟成，讓台灣威士忌香氣特別的奔放，口感特別的飽滿，更特殊的是，南投酒廠獨步全球的水果風味桶。南投酒廠過去在煙酒公賣的時期，扮演著協助農民收購當年生產過剩的水果，將他們製成水果酒，釀製酒的酒精度較低，不適合長期儲放，所以又將水果釀製酒蒸餾成水果烈酒，但沒有顏色的水果蒸餾酒不好賣，索性放進橡木桶熟成，成了水果白蘭地。因此當南投酒廠轉型成為威士忌酒廠時，各式水果酒橡木桶的無心插柳，有荔枝、梅子、黑后葡萄、椪柑、柳丁、芭樂等，各式亞熱帶水果橡

木桶所熟成出來的威士忌氣味反而成爲了酒廠最重要的特色，也成了國際上威士忌老饕收藏的珍品。

　　每當我分享台灣威士忌的特色時，就會提及因氣候溫度所造就快速熟成的美好，有一些人會不經意的質疑，快速熟成眞的是一件好事嗎？

　　其實，蘇格蘭溫帶寒冷氣候下的緩慢熟成，雖然熟成的速率較慢，但緊密而多層次的口感卻有著收斂和豐富內涵的美感；相對台灣亞熱帶炎熱的氣候，快速熟成出熱情而奔放的美麗。由於過去從來沒有人思考過，在台灣這樣的環境也能做出揚名國際的好威士忌，因此，談台灣快速熟成的美好，不是指這是唯一的美好，也不是指它勝過了蘇格蘭威士忌的美好，而是，過去一直以來我們沒有發現和忽略了快速熟成也是可以很美好的，現在正視它、肯定它、稱許它，不是爲了否定其它威士忌的價值，而是爲這個世界產生更多元的美好喝采。

## 印度威士忌

　　印度這塊土地比台灣還要炎熱，台灣威士忌放在橡木桶當中，酒液一年以 6-8%
的速度蒸散到空氣中，而印度的炎熱更狂，以 16% 天使分享的速度，讓印度威士
忌的熟成速率無敵快，爲了研究印度的環境和威士忌的關係，我特別飛了一趟印
度，來到了印度中部的班加羅爾拜訪雅沐特威士忌酒廠，認識到了酒廠製作威士
忌更多其中的細節，並深深爲之折服。

　　由於印度大陸的特殊地質，他們爲了得到適合製作威士忌的純淨水源，在酒廠
相隔數里之外，買下一塊水源地，將乾淨的軟水千里迢迢運送到酒廠作爲威士忌
生產的使用。

　　過去研究蘇格蘭威士忌時，蘇格蘭的製酒專家談到大麥的品種分爲春麥和冬麥，

春麥有著低蛋白質、高澱粉、高糖分的特質，適合威士忌的釀製，而冬麥有著高蛋白質、低澱粉、低糖分，適合當動物的飼料，因為蘇格蘭威士忌產業認為大麥擁有越高的澱粉和糖分，就能生產出更多的酒精，就是好的麥子品種，反之，蛋白質高、糖分少，酒精產量少，而發酵的作用會讓蛋白質產生硫化物，這是蘇格蘭威士忌產業不喜歡的。

有趣的是，當我拜訪印度酒廠時，他們的觀念恰好與蘇格蘭相反，雅沐特的首席調酒師告訴我，好的威士忌需要的是風味，不是酒精，他們的威士忌不需要那麼多的糖分來生產酒精用來降低成本，他們反而喜歡多些蛋白質，在發酵的過程會產生更多豐富的味道，因此雅沐特酒廠使用的穀類原料不是蘇格蘭慣常使用的二稜春麥，而是喜馬拉雅山腳下的六稜冬麥。我聽了也覺得有道理，沒有誰對誰錯。溫帶地區的人們認為對的氣味，與熱帶的人們喜歡的氣味不一樣，這就是人文的不同，而他們在製作威士忌時，把屬於那塊土地人們的文化和品味放了進去，透過威士忌所展現氣味，記錄在其中。

印度的雅沐特酒廠。

## 瑞典威士忌

　　嚐過了炎熱氣候所養出來的威士忌，是不是也該嚐嚐比蘇格蘭更天寒地凍的北歐會製作出什麼樣的威士忌？以邏輯來看，北歐較冷，熟成的速率應該較慢，陳年出好味道的時間要更長，結果，事實並不是如此，瑞典威士忌竟然也有快速熟成的好味道。

　　當我去拜訪北緯 63 度的瑞典高岸酒廠（High Coast）時，它再一次顛覆了我過去對威士忌既定的觀念。瑞典威士忌在寒冷的氣候之下，因為日夜溫差大，造成了橡木桶每日一呼一吸中隨著白天溫度升高，橡木桶中的酒液體積變大，於是酒液侵入橡木的毛細孔中，晚上溫度降低，酒液的體積縮小，酒又從橡木的孔隙中流回來，這樣熱漲冷縮的酒液和橡木桶的互動，隨著每天的一呼一吸、一進一出，增加了熟成速率。北歐日夜溫差所造就的熟成速率增快，與熱帶地區的環境氣溫較高而增加的熟成速率，所萃取來自橡木桶的味道是不一樣的，也造就了屬於北歐獨特的威士忌風味，太有意思了。

　　我們正處在威士忌最美好的年代，除了歐洲、亞洲、美洲，甚至澳洲都開始興盛起威士忌蒸餾廠的建立，而且對威士忌風味的思考也越來越寬廣和自由，躬逢其盛的我們，不怕沒有足夠的好酒喝，怕的是我們自己的心胸不夠寬大，不夠容得下威士忌無限的想像力。

# 認識蘇格蘭的五個產區

到底蘇格蘭威士忌有幾個主要產區？產區的劃分有實際的意義嗎？

　　前年我去蘇格蘭拜訪酒廠時，預定在蘇格蘭的首府愛丁堡待上一晚，一位蘇格蘭的友人知道我在愛丁堡，盛情相約見個面，行程很滿的我們，硬是擠出來早上有限的時間在飯店一樓吃早餐，1 個小時後，就要坐接駁車搭機前往倫敦。我跟蘇格蘭友人透過網路的聯繫有幾次的合作，這次是第一次正式見面，也要談談未來的合作。我想時間很趕，是不是要馬上切入正題，他先問候了我這幾日蘇格蘭旅行如何，我簡單回答了這幾天天氣變化多端，晴時多雲偶陣雨，剛剛飄著雨才濡濕的高爾夫球場的綠色草皮，一下子就出了曬起來會疼的陽光把草皮的水氣給烘乾了。聽到我開了起頭，他完全不顧正事，就開始絮絮叨叨地跟我聊起了蘇格蘭的天氣，一聊就是大半個鐘頭，我瞧了瞧時間，沒什麼時間講正經事了，很顯然，他看到了我的猶豫，於是又花了 20 分鐘解釋為什麼天氣這個話題對蘇格蘭人這麼重要，蘇格蘭人每次見面聊天，都會忍不住花大把的時間在聊天氣，因為這塊土地太特別了，天氣的變化特別的迅速，特別詭譎多變，而且相鄰不遠的土地，就可以有完全不同的氣候表現。正如同我常常形容的，在蘇格蘭旅行，隨著車行，四周景色和天氣的改變太驚人，有時候，不小心坐在車上打個盹，一轉眼就過了四季。

　　這些年，越來越多人認真研究威士忌，以前威士忌酒商們經常拿來當作行銷術語的浪漫說詞，越來越不管用了，我們本來以為那些帶著潮水鹹濕氣味的威士忌，是靜靜地躺在緊臨海邊的酒窖，沒日沒夜呼吸著墨西哥灣流所帶來富饒的特色氣味；我們本來以為那些擁有飽滿果香和森林般杉木氣息的斯貝區威士忌，都是整桶整桶藏在原始森林的靜謐之處，呼吸著芬多精。卻沒想到，蘇格蘭威士忌主流的大集團式生產，早就把每一家不同酒廠所生產的威士忌全都集中到有幾個足球

位於歐克尼島上的石楠木矮木叢。

場大的統一集中儲存區。更有些專注在研究威士忌製程，工程師類型的老饕，早就否定了產區的定義，因爲對他們而言，威士忌純粹是種工藝，跟把酒廠蓋在哪裡，因此會產生什麼味道，沒有任何關係。一切都是行銷術語？

去年我去了趟蘇格蘭最北方的歐克尼島，那塊島嶼因爲沒有過分高低起伏的地形，所以島上沒有高山可以擋住四竄的野風，朔風野大造成長在土地上的植樹多半是低矮灌木，那些被稱之爲石楠木的矮木叢，在死後，沉積在這塊土地上，經過了 500 至 1500 年，人們挖起了石楠木沉積出來的泥煤炭，用來燻乾麥芽，製作威士忌。

位於歐克尼島的高原騎士酒廠全球品牌大使馬丁先生長得孔武有力，原來他在進入威士忌產業之前，他可是歐洲兩屆的重量級拳賽的冠軍，拜訪這位老朋友時，他帶著自己訂製一方一圓的眼鏡來迎接我，因爲上一次他來台北時，看見我帶了天圓地方－一邊是圓一邊是方的眼鏡，很是喜歡，於是乎回到蘇格蘭，就自己訂製了一副，我那天剛好也帶了同樣的眼鏡，我們相見歡。

馬丁告訴我他身上流淌著屬於維京人的血液，整個歐克尼島有 1/3 的人仍擁有維京人的血統，北歐神話中的衆神之父奧丁、雷神索爾，都是他們的先祖，因此高原騎士酒廠也將維京人的圖騰、神話故事與民族的性格，融進了威士忌風格當中，聽起來相當抽象的民族特色，如何與同樣抽象的威士忌風味，透過實際的製程連結起來，正是我歐克尼島之行研究的目的。

我教易經教了快 20 年，易經教了我一件最重要的事情叫做「錯綜複雜」，易經中有 64 個卦，每一個卦都可以衍生出錯卦、綜卦、複卦和雜卦，而每一個卦的錯綜複雜又彼此相互交雜著關係，因此，我們要理解一件事情，深入思考後，就會發現事情的背後，有著如蜘蛛網般複雜的牽連。傳統的教育系統透過對錯、是非、

位於蘇格蘭的樂加維林酒廠。

好壞、高低、上下將我們訓練成二元對立的簡化思維，非彼即此，然而，自然中所展現的力量不只如此。

　　威士忌記錄了蘇格蘭人在那塊土地發展出來傳承了百年的工藝，也記錄了住在那塊土地人們因歷史淵源所留下來的思想行誼，同時也把那塊土地詭譎多變的氣候完完整整地刻在每一瓶威士忌的風味中，天、地、人，到底哪一塊影響比較多呢？或許就像易經的錯綜複雜，因為面對不同的人、不同的事、有著不同的喜好，所做出不同的判斷，因此得到的結論都不一樣吧。面對威士忌帶給我們無比的美麗，除了享受它，與其批判和懷疑，我對美好的事物有更多的敬畏和好奇。

　為了讓人們簡單認識蘇格蘭威士忌因為風土所造就的差異性，一般分類會將蘇格蘭分為五個產區：低地區、高地區、斯貝區、島嶼區、艾雷島區。一些更細心的威士忌愛好者會加入曾經在蘇格蘭擁有 20、30 家酒廠的重要產區，如今已經沒落的坎培爾鎮區，成為六大產區。

　很多喜歡島嶼風格的威士忌愛好者一定同意，那些從蘇格蘭本島的西北方一路綿延至西南方如珠玉般的小島，雖然許多島嶼上只有一家蒸餾廠，但是每家酒廠的風格如此鮮明，每個島都有資格成為一個產區；如果產區是為了分別因環境所造就的不同風格，高地區幅員廣大，四方地形地貌以及氣候皆大不相同，所以在

已逝麥可傑克森大師的《威士忌全書》此著作中就將高地區分為西部高地、北部高地、東部高地；當然，小小的斯貝河流域集中了接近一半的蘇格蘭蒸餾廠，其中許多酒廠風格全然不同，硬是將它們歸類在斯貝區用來判斷他們統一的風格，並不公平且更不精準，或許這也是那些提出「產區無用論」的人的一個判斷根據吧。

不過，位於蘇格蘭首府愛丁堡皇家大道以傳播威士忌文化為宗旨的威士忌體驗中心（The Scotch Whisky Experience）在他們的體驗課程中，劃分的五大產區就

分為：

- · 淡雅青草香的低地區
- · 帶著堅果味的高地區
- · 充滿花果香的斯貝區
- · 有著太妃糖氣味的坎培爾鎮區
- · 濃烈煙燻風格的艾雷島區

　　這些不同蘇格蘭產區的畫分，不是為了限制你的想像力，也不是顛撲不破的硬道理，它只是透過某種簡化後的描述，讓對於威士忌感興趣的人和初學者，在茫茫的威海無涯中，擁有可以容易上手的懶人包。當我們已經入門了，就不用太執著於哪個產區一定要有什麼味道，而是讓自己搭上航海世紀的三桅帆船，揚帆啟程，開始自己的威士忌探險之旅，摸索那些千奇百怪風味的處女地。

# 以集團風格
# 來認識威士忌

　　隨著蘇格蘭威士忌歷史的向前推進，如果每一家酒廠就是一個國家，每個國家都發展出屬於他們自己的文化，除此之外，國與國之間彼此的兼併，組成更大的邦聯，同時具有競爭和合作的關係，就像是目前蘇格蘭威士忌產業的生態。經過百年的威士忌酒廠的更替，仍有人堅持一路以來都是家族單一酒廠的經營，例如：格蘭花格（Glenfarclas）。也有家族持續的擴張，手上擁有超過 1 家以上的酒廠：又如格蘭父子公司的格蘭菲迪（Glenfiddich）、百富（Balvenie）和奇富（Kininvie）。也有手上擁有數家酒廠的集團式經營，例如：帝亞吉歐集團擁有包含慕赫（Mortlach）、格蘭歐德（Glen Ord）的 28 家酒廠：保樂力加集團擁有包含格蘭利威（Glenlivet）、亞伯樂（Aberlour）的 13 家酒廠等等，在目前集團經營方式擁有蘇格蘭最多的酒廠，每一家集團有自己最擅長的優勢以及特色，和統一運作的考量，有時候，從研究所屬威士忌集團的風格下手來認識一家酒廠，比起產區思考，更能理解他們的橡木桶策略，以及理解為什麼這家酒廠為什麼要做出這樣風味的理由。

　　這裡列舉幾家知名威士忌集團的風格作為參考：

## 帝亞吉歐集團

　　擁有 28 家酒廠的帝亞吉歐，它的威士忌酒桶庫存量幾乎快接近整個蘇格蘭產業的 1/2，由於集團最主要的威士忌生產是「約翰走路調和威士忌」，為了讓調和威士忌有著更複雜以及更多原酒調配的選擇性，集團下的每家酒廠都設定了獨特的酒廠風格，並且透過製程的每個細節，準確地在蒸餾完成取了酒心的當下，將酒廠精神保留在透明的麥芽新酒之中。

（左）泰斯卡酒廠的蟲桶冷凝。（右）蘇格蘭斯開島上的泰斯卡酒廠。

例如：

· 格蘭昆奇（Glekinchie）用蟲桶冷凝所設定的硫味
· 格蘭歐德（Glen Ord）用長發酵和慢速蒸餾設定的花果味
· 皇家藍勳（Royal Lochnagar）的青草味
· 泰斯卡（Talisker）的胡椒味
· 樂加維林（Lagavulin）的人蔘味
· 慕赫 2.81 蒸餾（Mortlach）的肉味
· 被暱稱為小貓的克里尼利基（Clynelish）的蠟質風味

　　在威士忌產業中，每一只的橡木桶都會面臨新舊的狀態，新舊橡木桶對於蘇格蘭威士忌產業來說不是好壞的問題，而是隨著橡木桶的使用從新到舊與威士忌透明新酒的互動，會萃取出不同的風味，而管理這些橡木桶就是一個大學問了。對於帝亞吉歐集團來說，每一家酒廠風格設定如此明確清晰，他們不允許過重的橡木桶的氣味壓抑了酒廠原酒風格特色，因此，二次裝填的橡木桶，或者是重組的「豬頭桶」是集團拿來陳年單一麥芽威士忌再好不過的選擇了，同時保有酒廠特色，又有來自橡木桶豐富的氣味。而拿到第一手的橡木桶（1 st filled cask），集團反而是拿去做為一般人較為不容易直接碰觸到的穀類威士忌，和做為調和威士忌基酒的調配設定。

## 保樂力加集團

　　作為全世界第二大的烈酒集團保樂力加擁有 13 座蘇格蘭威士忌酒廠，提供給它們旗下世界知名的調和威士忌品牌－起瓦士、皇家禮炮、百齡罈來調配使用，因此，單一麥芽威士忌的市場相對來說就沒有那麼大的市場規模，集團最為人所熟知的威士忌酒廠是全蘇格蘭第一家合法酒廠－格蘭利威（Glenlivet），它強調的是以硬水做為威士忌製作的基礎，造成更多的花香調；另一家單一麥芽威士忌酒廠亞伯樂（Aberlour）以雪莉桶著稱，我曾經多次拜訪，發現它們的波本桶熟成一樣非常精彩，在口腔中油脂豐厚的表現，十分讓人激賞；集團中還有一家近期相當知名的威士忌酒廠叫做龍摩（Longmorn），起因於日本晨間劇介紹日本威士忌教父竹鶴政孝先生，當時他來蘇格蘭見學時，正是到了龍摩酒廠，龍摩酒廠以老式煤炭直火蒸餾著稱，不過現在已經停止使用，改成蒸氣式間接加熱了，由於煤炭直火蒸餾造就厚實的酒體，因此龍摩威士忌的高年份雪莉桶威士忌一直以來都是老饕們的夢幻逸品。

　　保樂力加集團並沒有為集團內的酒廠做出特別的風味設定，多半是歷史風味的延續，同樣因為沒有特殊的設定，因此這些年明顯看到他們將集團中的幾家蒸餾廠出售，也沒有見到他們擔心會改變旗下調和威士忌風味的疑慮，龍摩酒廠使用煤炭直火蒸餾製程的改變，像是單一事件，沒有連動式的影響。整個集團的單一麥芽威士忌風格呈現各自精采的樣貌。

## 愛丁頓集團

　　2018 年麥卡倫的新酒廠完工，它創新突破的新思維，把蘇格蘭威士忌產業提升到精品的新境界。而麥卡倫這家帶領著整個蘇格蘭威士忌產業向前衝刺的領頭羊

也在拍賣會上屢創新高價，誰能想像得到，一瓶不到一公升的琥珀色液體，有什麼樣的魅力，竟以 5800 萬台幣的天價落槌賣出，而麥卡倫正是屬於愛丁頓集團。

愛丁頓集團號稱擁有最多最好的雪莉橡木桶，也是全蘇格蘭最強大的橡木桶管理團隊之一，因此，它旗下的 3 家酒廠麥卡倫（Macallan）、高原騎士（Highland Park）、格蘭路思（Glenrothes）都以雪莉桶風格而著名，因為專精於雪莉橡木桶，所以他們對於雪莉橡木桶的細分無微不至，從桶材、桶廠、雪莉酒廠、雪莉酒類型、新舊雪莉橡木桶的比例都劃分的清清楚楚，如此獨到，也贏得市場的肯定。

這些年有人問，除了愛丁頓集團的雪莉桶威士忌，還有那些酒廠的雪莉桶威士忌可以關注呢？嗯～除了現任愛丁頓集團的威士忌酒廠外，也可以試著往前任愛丁頓集團成員的酒廠中去找找，一定有讓您滿意的收穫。哈～感覺現任男友和前任男友都是好選擇？

## 賓三得利集團

如果你對賓三得利這個集團的名字聽起來又熟悉又陌生，沒錯～它就是美國金賓集團和日本三得利集團合併所產生的名字，說是合併，其實是日本三得利集團對金賓的尊重，讓 Beam Suntory 把賓這個字放在三得利前面。2014 年日本三得利集團為了在美國烈酒市場佔有一席之地，用 160 億美元，約 4800 億台幣，把美國金賓公司買下來。三得利全球佈局的動作不只在美國，賓三得利在蘇格蘭有 5 家酒廠，他們也買下了愛爾蘭的酷吏酒廠（Cooley），如此將威士忌市場全球化的擴張佈局不言而喻。

日本人是有趣的民族，有些人買下酒廠時，總是習慣性把它當作自己的資產而侵門踏戶，但是一直以來日本人在蘇格蘭威士忌產業不只沒有介入生產運作，反而成了傳統文化的保衛者，古法煤炭直火蒸餾的工序在蘇格蘭消失了，卻被保護在日本余市（Yoichi）仍然運作著；唯一保留完整三次蒸餾工序的蘇格蘭威士忌酒廠歐肯（Auchentoshan），是屬於賓三得利的；蘇格蘭威士忌的朝聖之島艾雷島中有兩家酒廠屬於賓三得利，一家是波摩（Bowmore），一家是拉佛格（Laphroaig），這兩家酒廠也是全蘇格蘭極少數酒廠仍然保有古法的地板發麥的工序，地板發麥的成本很高，需要大量的樓地板面積，也需要訓練有術的工人，思考到成本的計算，蘇格蘭的酒廠大多都改成跟專業的麥芽廠購買現成的麥芽，不再自己手工製作麥芽了，賓三得利仍然將這兩家酒廠保有著地板發麥的古法製作。

　　去年我拜訪蘇格蘭東高地的一家酒廠格蘭蓋瑞（Glen Garioch），它有著全蘇格蘭最長的林恩臂，所謂最長林恩臂這樣的配置並不是代表最好，而是酒廠建造時因為空間不夠大的權宜之計所造成的，賓三得利擁有這家酒廠很久了，我去參觀時，所有的設備幾乎沒有更動，連在裡面的工作人員，擺放的圖片和介紹的資料，都沒有看見日本人的影子，完全尊重當地人的運作。

　　所以有些人對於日本集團在全世界不同國家買了許多酒業，懷疑會不會是種文化入侵的方式，我反而會說，當這些酒廠被日本人買了下來，日本人反而扮演了起文化傳承或保護者的角色。

## 酩悅軒尼斯集團

　　擁有兩家蘇格蘭酒廠的酩悅軒尼斯，是充滿創意和想像力的，格蘭傑（Glenmorangie）和雅柏（Ardbeg）一年一度的特殊限量版上市，是所有的威士忌老饕們最期待的驚喜，格蘭傑的私藏系列最早發佈了野生酵母菌實驗，傳奇大麥品種的復興，它還用威士忌的風味帶我們徜徉在瑪德拉島的陽光、逛逛糖果屋，還有嗅聞裸麥威士忌橡木桶所造就的辛香料味。而雅柏更是帶著我們脫離地球的思考，讓威士忌在無重力的外太空下陳年，看看因此它揮動那只泥煤炭的重拳，是不是還有足夠的力量讓威士忌老饕們傾心不已。

　　蘇格蘭威士忌產業的各大集團中有一個非常重要的角色，那個人就是首席調酒師，有些首席調酒師是低調的，默默地在實驗室中，用自己累積數十年的經驗，調配出心中絕佳的平衡；另一些首席調酒師像是超級巨星一樣，當他們將自己的威士忌創作端上檯面時，就像是知名歌手發表新唱片一樣，就是準備要讓大家耳目一新並且為之震撼感動，而他們的名字，老饕們都耳熟能詳。在酩悅軒尼斯集團中，比爾梁思敦博士就是這位超級巨星，格蘭傑和雅柏所有超乎我們想像的創意發想，都是來自比爾博士，他也會至少一年一度巡迴全世界，跟所有的老饕分享他感動人心的創造力。

## 懷特馬凱集團

　　蘇格蘭威士忌產業首席調酒師的超級巨星除了比爾博士之外，另一個就是懷特馬凱集團的理察派特森先生了，他的幽默感與舞台魅力，在我所接觸過所有的首席調酒師中，無人能敵。2009年我第一次跟理查先生一起同台演講，近距離親見他獨特迷人的魅力，獲益良多。

理察先生不只是一位在舞台上發光發亮的威士忌界超級巨星，他 26 歲時就當上了蘇格蘭威士忌產業最年輕的首席調酒師，也被譽為天才調酒師，他投身於蘇格蘭威士忌產業也超過了 50 年，喝過他所調配的威士忌，就會懷疑他的嗅覺和味覺像是被神所賜予的天賦。

我第一次驚豔於理察先生的神級調和工藝，是在十幾年前試過他 1973 年的年份酒和 62 年的大摩單一麥芽威士忌（Dalmore），用葡萄酒桶所熟成的 1973 年太讓我驚訝了，我曾經嘗試過許多葡萄酒桶熟成的威士忌，只有它把頂級波爾多葡萄酒在適飲期品飲時會出現的香水味，成功地熟成進了威士忌中，迷人極了；而那支大摩 62 年的香氣完全沒有老化，在鼻腔中細緻又飽滿的脂粉味，停留在味蕾上的美味，像是浪潮般綿延不絕地將我淹沒。

以理察派特森所主導的懷特馬凱集團，最讓人津津樂道的除了擅長迷人的老酒之外，理查先生使用橡木桶混調的技巧至今無人能出其右，從大摩單一麥芽威士忌的亞歷山大三世用了 6 種橡木桶的完美平衡的調配，到大摩 50 年使用了未曾有人用過的法國香檳橡木桶熟成，這麼大膽、這麼有創意的用桶技法，正是研究這個集團切入的重點。

# 威士忌和食物的關係

　　由於我浸淫在威士忌領域 30 年，見識了它從剛開始進入一個全新市場，一直到成熟的完整樣貌，我們可以理解威士忌文化進入到我們的生活中，是需要一步步進程的，在這裡我分成 3 個階段來分析：

## 初階的威士忌市場

　　絕大多數人對於威士忌的認識不深，所以需要合適的引導，告訴我們什麼是好威士忌？該怎麼喝威士忌？以及喝威士忌有什麼好處？所以這時候電視廣告、雜誌廣告是行銷威士忌最好方式，穿著西裝、帶著名錶、開著名車、長得很帥，看起來像是成功人士的紳士，跟幾個好朋友一起喝威士忌慶祝，或是一邊喝著威士忌，一邊跟長得像是企業家的外國人下西洋棋對弈，清楚地暗示喝這個品牌的威士忌，你就有可能成為一個品味人士或是上流人士，或是運籌帷幄的成功人士。

　　在這個階段，不需要告訴消費者這支酒有什麼味道，也不需要教育大家威士忌的製程、橡木桶的種類，亦或是酒廠精神，通常初階消費者最在意的是：「喝了這支酒隔天宿醉會不會頭痛？」、「喝起來順不順，會不會礙喉？」同時，喝酒的人彼此之間也交換著以訛傳訛的資訊，像是顏色越深的酒一定越好，酒買回來放越久越醇，威士忌單一的比調和的更純等等，因此，初階消費者永遠是最大的市場，整個威士忌市場不管如何發展，永遠會有新一波的初階消費者後浪加入愛好威士忌的陣營。這也就是為什麼精明的酒商在大眾媒體所播出來的商業廣告總是一成不變，不是沒有道理的。

## 進階的威士忌市場

託這些年來網際網路快速發展的福，資訊交流的快速無遠弗屆，真心想認真學習威士忌的人在網路上找得到大部分資料，理性的消費者紛紛出現，跟不少人交流過，慢慢地也喝了不少威士忌，因為見多識廣，對於那些洗腦般純粹的行銷術語感到厭煩，不再滿足於針對大眾市場所設計的威士忌，比較喜歡透過品飲那些小眾的威士忌或是特殊的限量款，像是市場上比較難尋或是稀有的品項，用以顯示自我品味的象徵，單一麥芽威士忌或是單一桶裝的限量威士忌，因為具備了酒廠獨特的個性或是單桶的限量稀有，成為了進階消費者趨之若鶩的逸品。

進階的消費者也不喜歡被別人指稱是盲目的消費，因此，一邊喝酒一邊做功課成了新時代威士忌消費者的樣貌，威士忌不只要買來喝，還要參加品酒會，聽聽品牌大使和威士忌大師們說說看這家酒廠的四大基石或是五大標竿、雪莉桶和波本桶有什麼不一樣。喜歡新玩意兒的人，進入航海新世紀，揚帆前往品味那些新建立的酒廠以及新生產威士忌的國度，探索威士忌的新大陸。喜歡舊玩意兒的人，在藏家交流網中搜尋和交換著那些舊版的威士忌，甚至是酒廠已經關廠、那難得一見的亞特蘭提斯大陸。或是進入主流文化接受好萊塢式的文化洗禮，喝威士忌就像看電影，最近流行什麼威士忌就去喝喝看，有些人看電影看出了門道和興趣，於是開始投資電影，從中獲利，就像是那些在拍賣會上進進出出的威士忌收藏家一樣，站在浪尖上，享受被浪推高的樂趣。

## 成熟的消費市場

不管你喝了多少威士忌，知識多淵博、收藏多厲害，如果我們每次喝威士忌的時候都是單獨純喝、認真研究喝、品酒會學習喝，沒有落實到拿威士忌和食物搭

配，沒有讓威士忌融入我們的飲食文化之中，沒有放下學究般的一邊喝酒一邊差一點沒將威士忌做化學分析的認眞執著，威士忌永遠只是潮流，不是文化底蘊。

1980 年代流行龍舌蘭酒，1990 年代流行伏特加，21 世紀初流行南美洲的甘蔗蘭姆酒，這幾年又流行起了琴酒，如果我們沒有將威士忌的根深植進飲食文化中，就會像現在，每年都會有媒體朋友問我，請問威士忌還會再流行幾年？下一波取代它的主流酒類是哪一種？

每一年我都會撥空前往歐洲，因爲歐洲葡萄酒的飲食文化非常成熟，不會有任何人問葡萄酒在歐洲會再流行幾年，下一波取代它的酒類是哪一種？我在法國的時候幾乎每天中午吃飯就開始喝葡萄酒了，中午點瓶玫瑰紅酒，配魚配肉都可以，如果特別喜歡鵝肝或鴨肝，換上甜白酒或是甜一點的氣泡酒來搭配就很可以。

而晚上吃飯一定要準備好長期抗戰，普通觀光客都會驚嚇於法式晚餐要吃上 4 個小時這麼久，可是我的法國朋友告訴我法國人的文化就是從餐桌上長出來的，每次拜訪葡萄園主人好友，晚上 6 點天還沒暗下來，我們就開始在莊園旁的葡萄園裡擺起了餐桌，吃著女主人準備的鹹點，邊喝葡萄酒邊聊天，到了 8 點，我感覺到自己已經酒足飯飽了，他們才準備開始正式的晚宴。菜一道道的上，胃裡的食物衝過賁門，滿溢到食道上來，前面吃小鹹點喝的葡萄酒全都不算數，搭餐從香檳開始喝起，喝完香檳喝白酒，喝完白酒喝紅酒，紅酒要比白酒複雜些，雙主菜的牛羊雞豬搭配什麼紅酒都要搞清楚，吃完主菜，我的食物已經溢上了腦門，感覺搖頭晃腦地想事情，肉汁都會不小心濺出來。

才覺得大功告成，主人又告訴我人類有另外一個胃是用來裝甜點的，跟其他食物沒關係，法國鄉下的甜點不是一小塊巧克力還是可麗露，它是媲美主菜的一大盤，法國人說的第二個胃我還沒來得及找到，還是想辦法把甜點塞進我嘴裡哪個

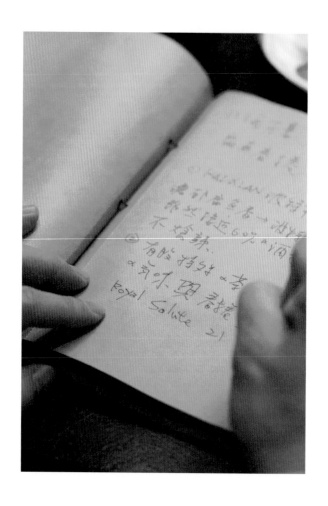

不知名的第五度空間裡了。凌晨12點，晚餐過了6小時，我已經將自己過去生命歲月裡的精采部分，用破碎的英文摻和我在大學話劇社的能力比手劃腳地全講完了，正準備打道回府，這時女主人推著餐車，上面放滿了不同風味的乳酪，每個人都要挑3種吃，聽說在法國要認真喝酒，是從這時候才算正式開始，為什麼我聽說呢？因為加上時差我已經支撐不住，昏睡在餐桌上了，再次聽說晚宴正式結束在凌晨2點。不用為我擔心，每次到歐洲拜訪葡萄園莊主，同樣戲碼都要重複發生，喔～對了，方才描述是第一天的晚宴，之後在法國每天晚上的餐桌都是同樣的精采，一兩天後就慢慢習慣了。

我在法國人的餐桌上學習到的不是酒量，雖然他們喝的種類很多，但他們從來不逼人喝酒，自己能喝多少就喝多少，我學習到的也不是葡萄酒的知識，在法國人的餐桌上喝酒很輕鬆，喝再好的酒都不是件嚴肅的事情，我學習到最多的是「餐桌文化」，不是那種左手持叉右手持刀的餐桌文化，而是餐桌上的對話。每天在餐桌上要聊那麼久的對話，如果沒有熱愛自己的生活，沒有低頭從生活中謙卑學習，一個人生活貧乏又沒知識，也沒有建立自己深厚的文化底蘊，在餐桌上面對面無話可說，相對無語，這樣的吃飯就不美麗了，吃 6 個小時的晚餐，折磨自己，也折磨別人。

因為我也愛葡萄酒，所以造訪過歐洲許多國家，發現我們喝葡萄酒的習慣跟歐洲人真的很不一樣，歐洲的葡萄酒文化不像我們亞洲的葡萄酒愛好者，他們很習慣葡萄酒與食物的搭配，因此幾乎每一家餐館，不管是米其林星級，還是路邊小館子，都會提供合適的葡萄酒種類選擇。

什麼是合適的選擇？我所居住的城市裡所認識喝葡萄酒的朋友大部分都很擔心自己跟朋友吃飯帶出來的酒不夠有面子，所以常常發現一餐吃下來，葡萄酒的價格遠遠高過於正式晚宴的餐費，加上許多人有能力帶上一瓶非常昂貴的葡萄酒到餐廳吃飯，卻不願意讓餐廳收取微薄的開瓶費或服務費，也鮮少點餐廳準備的葡萄酒類，因此，這樣有趣的市場現象，讓「能擺出來」和「願意擺出來」合理的葡萄酒選擇的餐廳寥寥可數，而私人 VIP 的高價葡萄酒卻一直賣得非常好。可惜的是，葡萄酒的飲食文化在我居住的這塊土地上，卻遲遲推廣不出去。

所以我想威士忌的文化要著根，一定要讓它像是葡萄酒在歐洲一樣，進入生活每一天的飲食文化之中，真正的文化是透過彼此融合產生的，不是用上下、貴賤、好壞的分別心來造就的。

# CHAPTER

# 3

## 生活裡的
## 威士忌餐搭學

# 威士忌該如何餐搭

2010 年我出版了一本烈酒餐搭的書，當時眞是個大工程，寫書的那幾個月每天狂吃猛喝，讓我胖了十幾公斤，好幾年都瘦不回來。除了體重的傷害之外，寫那本書其實得到了許多意想不到的深刻體悟，那時心中想著烈酒的題目太大了，下次一定要專注寫一本純粹以威士忌餐搭的書，這就是這本書最初的發想。

寫餐酒搭的書，跟平常去餐廳吃飯帶瓶酒完全是不一樣的感受，短時間內要用上百種的酒類和十幾家餐廳有計畫地密集互動撞擊，在腦子裡快速調出來過去幾十年生命的經驗，並在瞬間激盪出火花，然後記錄下來，再整理歸納。好像把一生所學的幾十套武功在這時候融合在一起，找出一個規律，另外創出一套全新的拳法，嗯～好似金庸武俠小說神鵰俠侶中楊過的黯然消魂掌法？

威士忌餐搭的方式豐富多元，有些是以「相近的氣味」來搭，有些是「相反的氣味」卻能互搭，有些搭配的方式要分出誰是主角？誰是配角？才能各居其位、相得益彰。換言之，食物和威士忌的搭法不只一種，而威士忌本身也有許多不同的變化，可以和食物來對話，純喝威士忌和食物的搭配是一種，那麼加點水稀釋可以嗎？加冰塊呢？用威士忌調製出的雞尾酒來搭配呢？對自己沒有設限，讓威士忌和食物自己說話，怎麼搭都可以很精彩，就讓我們的威士忌餐搭開始啓程吧！

# 品味威士忌與
# 餐搭的 4 種方法

品味威士忌一定要純喝？加冰塊、加可樂、加綠茶都是外行人的喝法？

嗯～這樣說也沒有錯，通常我們建議初學者一開始認識威士忌時，盡可能去認識威士忌的本質，了解威士忌產業中最偉大的首席調酒師們所精心調配出來的風味是什麼，這時候純喝是最能接近首席調酒師所想傳達的理念，也可以像許多的國際威士忌大師們一樣，在威士忌當中添加少量的水進去，可以是僅僅一兩滴水，也可以是加水，將威士忌的酒精度降到你的味覺能擺脫酒精的刺激感，並以最大限度的感受威士忌其中的美味。關於加水這件事，每個人的味覺感知不同，沒有標準答案，對於威士忌專家而言，威士忌加水的目的不是為了將酒液稀釋變淡，而是為了釋放威士忌中更多風味的層次。加水不是泡水，剛用水淋浴完的金城武肯定帥氣性感加倍，一樣的金城武，在水裡泡上一整天，全身浮腫，皮膚皺皺癟癟，再帥氣也要扣分，就像威士忌，過度的稀釋只會造成風味散失。

透過慢慢地練習，當我們能夠輕易地在純喝和加水之間的平衡悠游自得，那麼我們就已經從威士忌的品味之旅入門了。這時候加點冰塊，加點氣泡飲料、軟性飲料，甚至利口酒，就能讓威士忌的品味更加自由自在，更容易融入生活，甚至給予威士忌有更多的面貌和食物彼此融合。如果我們嚴肅地限制威士忌只能純喝，那酒吧裡調酒師的工作不就都失業了？那一年一度舉辦的國際調酒師大賽不就要把威士忌項目刪除，不准調酒師使用威士忌作為基酒？那些流傳的數十年的經典雞尾酒，包含威士忌的部分只好含淚拿掉，讓美好的雞尾酒變得索然無味了？

當然，我們理解因為拚酒文化的緣故，人們粗糙地將威士忌加入可樂、加入綠茶，造成將軟性飲料添加進威士忌是缺乏品味的印象。拚酒的時候，根本不在乎

威士忌的好壞、氣味、酒廠精神、調酒師風格，不管三七二十一，一股腦兒的將威士忌倒進公壺裡，傾一大把冰塊，再混進充滿了人工香精和精製蔗糖的綠茶，在划拳輸了的情況之下，毫不猶豫地將如此稀釋了威士忌的混合物跟著嚼碎的食物和胃液在身體裡攪和成泥，過量時，再吐出來，反覆同樣的行為，來確認所謂的義氣或面子之類的東西。

過猶不及，都會限制了我們對威士忌的想像力。

白天，在家裡讀書或是寫文章時，我會幫自己倒杯威士忌。冬天時純喝用威士忌的炙熱讓身體暖暖的，四肢不再冰冷；夏天時加顆大冰塊，讓威士忌在冰塊和玻璃杯之間緩慢流動，冰鎮後的威士忌消暑暢快；晚上幫自己煎塊牛排，炒幾個下酒小菜，換上圓柱形的柯林斯杯，加進碎冰、威士忌、蘇打水，讓裊裊而升的氣泡將麥芽的甜香提出來，從院子裡摘幾片薄荷葉的嫩芽，在掌心輕輕拍擊，讓薄荷的香氣釋放，放在威士忌蘇打的杯子上面，增加如森林般的芬芳氣息；晚餐後，跟朋友約好抽雪茄，讓談天的話題繚繞在氤氳的藍煙中，我會用帶著草本味的班尼迪克汀 DOM，或是蜂蜜味的吉寶 Drambuie，或是柑橘調的柑曼怡 Grand Marnier，跟威士忌一比一的比例加在一起，帶著特殊甜香的利口酒和有著香草巧克力木質調的威士忌融合，搭配雪茄肯定是天作之合；有一陣子喜歡睡前喝一杯，將泥煤威士忌倒進牛奶裡，煙燻牛奶味跟睡前讀物一樣，都讓人好好眠。

# 如何純喝威士忌？

建議選擇使用專業的威士忌品飲杯，如 ISO 杯、鬱金香杯、格蘭凱恩杯，或是類似的杯型，這樣的杯子與葡萄酒杯一樣有杯腹聚香的作用，只是尺寸相對小一點，我曾經使用葡萄酒杯來喝威士忌，香氣變得十分奔放，但是同時酒精感也變得很重，並不是太適合拿來品飲威士忌。傳統人們心中以為的威士忌專門杯，是那種寬口圓身的老式酒杯，又稱為「Rock」杯，Rock 在英文當中叫做石頭，同時也叫冰塊，顧名思義這種杯型就是拿來盛裝冰塊、用來冰鎮威士忌而所使用的杯型，並不是用來純喝的。

我會把威士忌加水也算進威士忌純喝的一環，如果你到一家專業的威士忌酒吧喝酒，正常來說，你會得到和威士忌專家們一樣的待遇，除了用一只專業純飲杯盛裝的威士忌，他還會給你一杯水，以及一根滴管，那根滴管就是讓你能有效的慢慢地、不過量的為自己杯中的威士忌加水，直到威士忌綻放出最美麗的面貌。

## 威士忌如何加冰塊？

加冰塊還不容易，把冰塊丟進去不就好了？哈～說的也是，不過老饕們習慣性對於威士忌風味的挑剔，同時也會等同於對冰塊品質的挑剔，挑剔的人會注意到冰塊所使用的水質、冰箱的溫度、冰凍時間的長短，這些都會影響溶進威士忌其中的水量和風味上的差異。不過，對冰塊的挑剔視人而定，還有不是每個品飲威士忌的場合都能夠拿到嚴格挑選、品質完美的冰塊，因此，我們在這裡不聊冰塊的質地，我們聊一聊不管你拿到什麼樣的冰塊，我們都能控制出對威士忌最好表現的狀態。

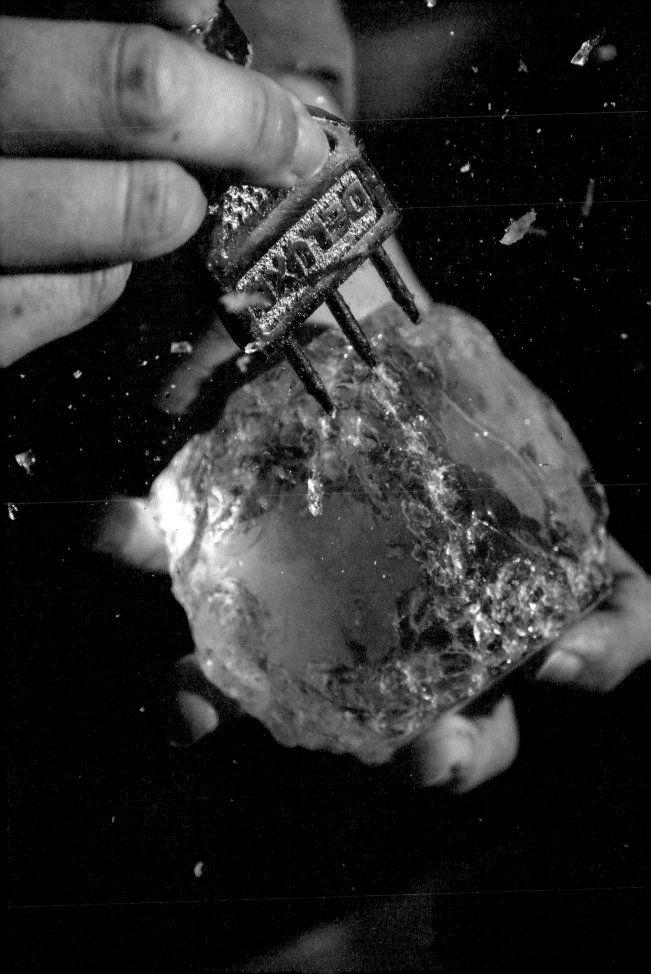

那麼，決定品質的關鍵到底是什麼？決定一杯威士忌加冰塊好喝的關鍵是「溶水量」。

加冰塊其實跟加水一樣，只是低溫和常溫的差別，對威士忌來說，**多少的溶水進入威士忌中能給予氣味最大限度地展開，這才是關鍵**，每一支威士忌適合的溶水量不同，因此這就需要經驗了，所以這就是為什麼同樣是加冰塊，你喜歡常去的那家威士忌酒吧幫你弄出來的威士忌加冰，總是比起你在家裡自己辛苦弄的威士忌加冰好喝多了，因為在酒吧裡專業的調酒師有注意到溶水量，而在家裡沒有，秘密說破了，以後在家裡也能做出跟專業威士忌酒吧一樣美味的威士忌加冰塊了。我曾經用同一瓶威士忌，兩杯一樣的冰塊，用吧叉匙攪拌不一樣的時間，一杯攪拌了 20 圈，一杯攪拌了 80 圈，因為溶水量的不同，喝起來像是兩杯不一樣的威士忌呢。

# 在家自己調杯
# 威士忌雞尾酒吧！

　　調製雞尾酒肯定是很專業的事情，然而就像做菜一樣，餐廳廚師可以做出的美味菜色，我們只要掌握一些小技巧，自己在家下廚也一樣能做得一手好菜，所以學習掌握一些小撇步，我們一樣在家裡能幫自己調得一手好雞尾酒，增加生活的情趣。

　　學習自己在家調製雞尾酒，一開始，先把那些你在雞尾酒吧裡看到的炫技忘掉，免得自尋煩惱。幫自己準備好幾瓶喜歡的威士忌，一大包冰塊、幾顆檸檬，或是一盆薄荷葉，最後再到超市去買幾樣熟悉的軟性飲料或是氣泡水，接著就開始進行屬於自己喜歡口味的調酒實驗了。

　　準備長型的高球杯（Highball glass）或是柯林杯（Collin's glass），第一步用冰塊將杯子填滿，第二步加入 45ml 的威士忌，第三步用氣泡水或軟性飲料倒入杯中至八分滿，加入幾片檸檬片，放上幾片用手拍過的薄荷葉，如果威士忌和氣泡水都是冰箱冰鎮過的，不用攪拌，冰涼的調酒就完成了。喜歡酒味濃一點的或是淡一點的，就調整加入威士忌的量，喜歡酸一點的，就將檸檬汁擠進去，喜歡香一點的，可以把檸檬皮切下來，將檸檬皮油噴在杯口，像香水一樣的迷人。

古典雞尾酒不像現代雞尾酒如此繁瑣，它單純而更有個性，以威士忌作爲基酒的雞尾酒多半是拿傳承了百年的經典利口酒，和威士忌一比一加在一起冰鎮就很好喝了，如之前所說的班尼迪克汀 DOM、吉寶蜂蜜酒 Drambuie、柑橘白蘭地柑曼怡 Grand Marnier，都跟威士忌很合，還有一種藥草酒夏特勒茲 Chartreuse 也很棒，還有咖啡酒、可可酒、奶酒、杏仁酒、榛果酒、櫻桃酒都可以拿來添加在威士忌之中，喜歡甜一點的，利口酒就多加一點，不喜歡太甜的，威士忌就多加一點，冰鎮溫度也可以隨自己喜愛調整。不過，這些古典雞尾酒雖然喝起來又香又甜，但酒精濃度都不算太低，請謹慎飲用。

　　當我們學會在家中建立自己的小酒吧，甚至開始習慣拿威士忌或威士忌雞尾酒作爲平常用餐的搭配，讓東西隨手可得，餐酒搭配才能眞正進入生活，而生活的品味就會隨著時間的積累形成了文化。只有更認識它，才不會濫用它，當美好的事物上升到文化的高度，我們也會更懂得尊敬它、珍惜它。或許，解決不適當的飲酒習慣所造成的社會事件，不是用一竿子打翻一條船的歧視禁令，而是擴大推廣它，推廣品飲的知識和文化，推廣每個人將與生俱來的五感來體會美好的事物，並且將美酒和飲食融合成 1+1=4 的美味加乘，烹羊宰牛且爲樂，會須一飲三百杯，人生應如此美好，怎麼會輕易地傷人害己呢？

# 威士忌和食物的對話，
## 誰才是主角？

我們酒窖裡那些羅伯派克葡萄酒聖經或是葡萄酒觀察家雜誌給了超高分評價的酒，都是口味濃郁、個性強烈的葡萄酒，但是我們都知道，在歐洲的葡萄酒文化，食物才是主角，葡萄酒在大部分的時候都應該扮演稱職的配角，而不是喧賓奪主。

然而，威士忌和葡萄酒卻不一樣，相對來說，威士忌的酒精濃度高上許多，穀類比葡萄的個性強烈許多，威士忌來自橡木桶對風味的影響遠遠比葡萄酒大上許多，個性這麼強烈的威士忌，從有歷史以來，向來習慣當主角，不太習慣扮演配角，所以硬是拿威士忌搭餐，對於已經習慣與葡萄酒文化搭配而隨著時間應運而生的歐洲食物，要面對威士忌豪邁的像是坦克車的氣味，只有被無情輾壓的份。所以在歐洲研究用威士忌餐搭的歷史才短短的 10 年、20 年，就像是初生的嬰兒，還在啞啞學語。

位於亞洲、亞熱帶或是熱帶的食物跟歐洲截然不同，口感又酸又辣，辛香料又濃又香，加上華人們骨子裡就有喝穀物烈酒的基因，飲食文化是跟隨時間歲月累積出來的，不是憑空生出來的，東方的飲食文化中早就存在著像是雪莉酒風味般的花雕酒，像威士忌一樣用穀類蒸餾出來的高粱酒，而這些酒的風味在過去與食物長時間的對話中，早就形塑出我們習以為常的食物樣貌，換句話說，我們平常生活飲食中的台式快炒、醬油燉煮、麵衣酥炸、麻辣飄香、入味滷汁、庶民料理、辦桌大菜，在我們還沒有寫這本威士忌餐搭的書之前，老早就已經準備好跟威士忌烈酒速配，並深深鑴刻在飲食文化的基因中了。

# 威士忌怎麼搭餐最好？

在這裡分享三種方式來找到威士忌和食物對話的互動方式。

## 1. 鰈鰈情深法

這些年我常受邀協助酒商審視餐酒會的菜單設計是否得宜，一般來說，威士忌品牌希望自己的威士忌風味不要被食物所掩蓋，或是不要因為某些食物的風味，造成威士忌喝起來變化成另一種味道，所以要用最保守的方式，進行威士忌的餐搭，這樣的方式就是「我泥中有你、你泥中有我」的搭配法。

西式大廚除了懂得料理美食，多半也要懂得葡萄酒，這樣在設計菜色時，也不會老是給侍酒師出難題，可惜中式或台式料理的大廚往往對酒一竅不通，加上東方人拚酒而不品酒的文化，不只在我們一般人之中，傳統廚師的世界也需要努力進步的空間。我幾次與五星級飯店的大廚討論餐搭的過程，因為較難深入溝通，所以通常會建議從食物中找到可以與威士忌互動的味道，讓一邊吃飯一邊喝酒時，因為氣味相投，所以可以彼此融合在一起。像是許多雪莉桶威士忌在陳年過程會從橡木桶當中萃取出辛香料，像薑、胡椒、荳蔻等等的氣味，如果在料理的過程適時強調出這些氣味，就能讓食物和威士忌融合得更好。

當然，我們也常常見到傳統的西式料理的技

法，將威士忌加入了料理燉煮或做成醬汁，又或用這些年流行的手段，將威士忌作為香氛，輕微噴灑在已經完成的食物作品，讓威士忌的味道像層薄紗披在食物上，這些都是透過食物和威士忌共同擁有彼此同樣的氣味來達成融合，像是一對情侶或夫妻，透過相處，兩個人的個性和做事態度有越來越多的交集，也更適合彼此長久相處了。

我在試菜時，有些菜會在一旁搭薑絲、蔥花，像是黑白切小吃，而這些辛香料的氣味在威士忌當中也有，特別是二次裝填的雪莉桶當中，有許多的辛香料的氣味在。還有印度菜，天生身上就帶著滿滿的辛香料味，例如：荳蔻、茴香之類的氣味，跟威士忌恰能搭配，這就是「鶼鰈情深法」。


## 2. 君臣佐輔法

當食物和威士忌各自擁有個性，沒有太多的共通點，不太適合於異中求同，這時候找一方退讓，作為臣子來輔佐另一方，讓另一方的美味加乘，這就是「君臣輔佐法」。這幾年在國際市場上十分流行日本威士忌，頻頻拿到國際競賽大獎，若是研究過日本威士忌的歷史，就會知道日本威士忌的發展其實也沒有那麼順利，最早以前竹鶴政孝先生負笈前往蘇格蘭學習威士忌的製作，回國後，與日本三得利公司的創辦人鳥井信治郎合作開了山崎蒸餾廠，一開始設定要專注做正統蘇格蘭風格的威士忌，也使用了泥煤炭來燻烤麥芽，做出的第一支酒叫「白札」，沒想到市場反應冷淡，銷售奇差無比，原來日本人有一邊吃飯一邊喝酒的飲食習慣，泥煤煙燻的味道太濃重，強壓過了日本食物的清淡氣味，於是乎，鳥井信治郎決定要轉型做適合在地飲食習慣的日本風格威士忌，而竹鶴政孝決定仍然堅持做蘇格蘭正統的威士忌風格，於是兩人分道揚鑣。

從日本威士忌的發展歷史來看，正因為面對食物搭配時，威士忌適當地扮演了配角，讓它順理成章地融入了日本的飲食文化之中，也造就了三得利這個龐大帝國的企業規模。

1990 年代，日本泡沫經濟造成了大蕭條，同時也大大影響了酒業的經營，我去拜訪三得利公司時，他們提到從 90 年代開始，酒廠就不斷逐年減產，節省開銷，直到前些年，三得利在居酒屋、燒烤店推廣「Highball」喝法，大受歡迎，才將原來一直處在衰退的市場，拉升到成長的空間，同時也因為日本威士忌在世界競賽的奪魁，快速於全球市場展露頭角，需求大增，一路到現在，才造成日本威士忌一貨難求、價格飆漲的局面。

所以，我們從日本的威士忌市場再次看到，他們將威士忌用軟性飲料稀釋成 Highball，在和食物的搭配中扮演臣子，來襯托美食，又一次的拯救了整個日本的威士忌市場。

許多的威士忌加入氣泡水之後，穀類特質的麥芽香氣轉而更強烈，並帶有淡淡的甜味，酒精濃度降低讓威士忌的適口性更好，而氣泡舒緩了口腔中食物的刺激感，正如同香檳一般，有人說：香檳就是美食百搭。加了天然氣泡水或蘇打水的威士忌正是有異曲同工之妙。

我在這次寫書拜訪老罈香川味兒之前，每回去那裡用餐，都會幫自己準備幾瓶 FeverTree 的薑汁汽水，因為我雖然知道那裡香辣菜色太棒了，有時候純飲威士忌讓自己灼燒的味覺更刺激，我又捨不得請老闆降低辣度，這時候加上薑汁汽水的威士忌比純飲更棒，這次去看到老闆冰箱裡準備了瓶裝的蜂蜜檸檬水，把威士忌加進去，也就成了 Whisky Sour（威士忌騷兒）了。

## 3 楚漢相爭法

　　身處在同一個時代的劉邦和項羽，兩個人都是英雄豪傑，兩個人都想爭天下，一位沉著穩重，一位霸氣凌人；一位運籌帷幄，一位戰無不勝；不過，兩個人不只個性不同，之間還相差了 20 幾歲，兩位都是梟雄，叫他們做一君一臣肯定不行，誰也不服誰，叫他們攜手同心也不可能，可是歷史上兩位相爭，卻成就了一個風風火火的大時代，流傳於後世。

　　對應在餐酒的搭配上，就像是個性霸道的威士忌，和口感豐富強烈的美食，或許氣味彼此對不上，融合不是它們能對話的方式，但是搭配起來卻能成就了另一方天地。在威士忌之中就有一位西楚霸王，那就是風味獨特、個性強烈的艾雷島泥煤炭風味，它不只是強烈的煙燻味而已，它還有帶著來自海島特別的海潮味，海潮味算是美麗的形容詞：消毒水、正露丸、瀝青，是更多人用來形容它的字眼。這麼特殊的氣味，要在食物中找到你泥中有我、我泥中有你，真不是件容易的事，然而，個性如此強烈的氣味搭配生蠔海鮮的腥味，竟然精彩地火花四射。

　　還有，葡萄酒不易搭配的醬油味、或讓人容易退避三舍的油脂四溢的腿庫蹄膀、東坡五花肉，竟然拿泥煤炭味的威士忌來作伙，正如同年輕霸氣的項羽遇到了穩重深沉的劉邦，誰也不讓誰，卻在口中迸發出一股不一樣的味道，我暫且描述它是「青草香」，太有趣了，相當迷人。這樣的餐酒搭多半碰碰運氣，多半玩出來的，是想像力之外的結合，卻更讓人覺得有趣，覺得酒和食物之間的關係，比我們想像得更精彩。

　　這次寫書拜訪「南村小吃店」試吃臭豆腐真是太開心了，我心中老早就想硬碰硬，將艾雷島泥煤味威士忌和臭死人不償命的臭豆腐兩個對決，看看誰輸誰贏？還有在「薺元小館」的那道醃篤鮮，以及大三元的「金湯蟹肉蛋白」，熬了幾個

畫夜的老母雞湯，我硬是把威士忌倒進碗裡的雞湯中，看看是雞湯濃還是威士忌濃？內行人都知道，老母雞湯和威士忌倒在一起會迸發出燒酒雞的味道，沒有誰強誰弱，是超乎我們想像力的別出心裁，這就是楚漢相爭法的搭配魅力。

# 想認識威士忌，從讀懂酒標開始

當我們準備帶了一支酒前往餐廳，或是要在家開一瓶威士忌準備搭配今晚精心烹調的食物，總是要先搞懂這支酒的風格和氣味，如果搭配得宜，下一次就有經驗，搜尋同樣類似氣味的威士忌，就能複製美好的經驗了。

大部分的蘇格蘭威士忌算是很認真在酒標上就把正確資訊都清楚標示，不像法國的葡萄酒，光看酒標還真是不容易搞清楚一支酒的分級，或是使用過什麼樣的橡木桶或是葡萄品種，連一支酒是貴的還是便宜的，都分不太出來。而威士忌沒有像法國葡萄酒那麼多複雜的分級，也沒有那麼多葡萄品種的選擇，加上多半的威士忌瓶身上都有標示年份，年份代表威士忌在橡木桶中陳年時間的多寡，時間是威士忌最大的成本，看威士忌標示的年份，猜一瓶酒多少錢，就八九不離十了。

這些年國際拍賣會開始認真看待威士忌的市場了，每年拍賣會上有許多威士忌的價格屢創新高，當一支酒尚未被打開來品飲時，酒標所傳遞的資訊就是辨認一支酒的價值和真偽的重要指標之一了，所以酒標很重要。當然，酒標的美感也很重要，除了一些經典款的酒標設計，與藝術家或攝影師合作的酒標，也為威士忌增加更多的收藏性。除了透過酒標的美感來選購一支酒，認真把酒標看懂就是認識一支酒的必要手段了。

我們先從主流的蘇格蘭威士忌談起，蘇格蘭威士忌的裝瓶主要分為兩種，分別是 OB 和 IB，OB 是 Official Bottling 的縮寫，指的是原廠自己生產，自己裝瓶；而 IB 指的是獨立裝瓶廠 Independent Bottling 的縮寫，表示向原廠或是中間商取得原酒，自行裝瓶，以自家的品牌出售。在過去的時代，絕大多數的單一麥芽威士忌都是作為調和威士忌的基酒，酒廠會將自己所生產出來的威士忌賣給裝瓶商，這些裝瓶商同時扮演批發商和零售商的角色，將威士忌以單一桶的形式或是自行調配裝瓶出售，這些年越來越多的威士忌酒廠自行裝瓶，OB 和 IB 就走出兩條完全不同的取向。

由於蘇格蘭威士忌酒廠每一家的製程不同，蒸餾器長相不同，製作出來的風味也隨之不同，因此原廠的 OB 裝瓶會更專注在展現自己酒廠的精神和風格，消費者也更能在其中找到酒廠特色的脈絡。而獨立裝瓶廠的 IB 裝瓶很自由，不用在乎每一次出產的威士忌維持相同的酒色和風味，往往會以小批次或是單一桶的少量發行，反而能從中找到特殊的風味或是不同於原廠風格的選擇。所以如果我們想要認識一家酒廠威士忌的主要風味特色，OB 是最佳的選擇，如果我們想要探索威士忌更多風味的可能性，或許在 IB 之中可以發現讓人驚喜的品項。

A

B

C

D

## A. 皇室家徽與 Laphroaig

由上往下看，酒標上方有著英國查爾斯王子的家徽，熱愛拉佛格威士忌的人們組成了一個龐大的群體，稱之為「拉佛格之友」，其中最有名的愛好者正是查爾斯王子，過去他不但經常造訪酒廠，甚至還將自己私屬的徽章賜予了酒廠，酒廠也將這個光榮的徽章印製在酒標上。

再往下看，字體最大的 Laphroaig 拉佛格就是酒廠的名字，蓋爾語的念法甚是複雜，有四個音節叫拉、佛、耶、格，重音在前面，這家享譽國際的酒廠，帶著屬於那塊土地特有像是消毒水般厚重的泥煤炭味，是老饕們趨之若鶩的逸品。

## B. Islay Single Malt Scotch Whisky

第一個字 Islay 標示的是艾雷島這個產區，這個島嶼專門生產著帶有海風氣息、強大煙燻味，以及消毒水般的泥煤炭味爲主要特色，而 200 年前的蘇格蘭威士忌大多帶有這種特殊風格，如今蘇格蘭本島除了少數幾家酒廠仍使用重泥煤麥芽有著蘇格蘭屬地的代表風味，幾乎都已經找不到泥煤炭味了，而最爲膾炙人口的重泥煤炭風格幾乎集中在艾雷島，因此老饕們敬稱艾雷島爲朝聖之島。Single Malt 是單一麥芽的標示，單一麥芽的意義是指單一酒廠所生產的麥芽威士忌，僅僅使用麥芽作爲原料，並展現這家酒廠獨特的威士忌製程所生產的氣味，不添加其他酒廠所生產的麥芽酒，讓單一酒廠所傳承自歷史及工匠堅持地風味完整的展現。Scotch Whisky 蘇格蘭威士忌，現行的蘇格蘭威士忌管理法規是根據 1988 年的「蘇格蘭威士忌法案」所制定，規定要在瓶身上標示蘇格蘭威士忌必須符合幾項要件：

1. 必須在位於蘇格蘭的酒廠裡生產製造，只能使用水、麥芽（穀類威士忌爲穀物）和酵母菌。
2. 蒸餾出來的酒精度不可以高過 94.8%。
3. 熟成威士忌橡木桶的容量不超過 700L，且陳放時間不能短於 3 年。
4. 除了水以及酒用焦糖之外，禁止添加其他物質，裝瓶後的酒精度不得低於 40%。

## C. Quarter Cask

Quarter Cask 又稱之爲 1/4 桶，標示的是威士忌陳年所使用的橡木桶，過去蘇格蘭在運送威士忌的時候，爲了能讓驢子背負托運販售，特別製作比原來用來陳年的橡木桶 1/4 大小的桶子來裝運，因此流傳了下來。1/4 桶的尺寸大小爲125L，是一般雪莉桶 500L 的 1/4，不過這支拉佛格 1/4 桶是一種後熟的技法，原來放在美國白橡木波本桶當中陳年，最後再移至 1/4 桶當中換桶熟成，小桶的熟成速率較快，也會萃取更多來自木桶的氣味。

## D. 1815

1815 年是酒廠創立的年份。已經有 200 多年歷史的拉佛格酒廠，一直以來不隨波逐流，堅持在艾雷島上這塊土地生產著粗獷厚實、強勁飽滿的泥煤風味威士忌，是不甘於平凡的老饕最愛。

A

B

F

C

D

E

F

## A. Gordon&Macphail 1895

　有著鹿頭標誌的高登麥克菲爾世家從 1895 年創建，是已經傳承了四代的老字號
獨立裝瓶廠，非常有實力的 G&M 裝瓶廠品牌，與一般獨立裝瓶廠最大的差別是，
一般獨立裝瓶廠的角色扮演比較像是左手買進右手賣出的仲介商，而 G&M 他們
具備選桶以及買進新酒入桶自行陳年的實力，因此他們威士忌品項的全面性、多
元性以及數量比一般裝瓶廠豐富許多。

## B. Longmorn

　龍摩酒廠是市面上相當少數又大名鼎鼎的威士忌酒廠，許多的老饕都知道要尋
找更多選擇的龍摩單一麥芽威士忌，就該往獨立裝瓶廠去摸索，這家屬於保樂力
加集團旗下的頂尖酒廠，因為擔負著集團中高階調和式威士忌基酒的角色扮演，
因此 OB 的威士忌能見度低，而獨立裝瓶廠中釋出的高年份雪莉桶熟成龍摩單一
麥芽威士忌，還記錄著過去煤炭直火蒸餾的歷史迴光，更是收藏家心目中的逸品。

龍摩於 1994 年結束的煤炭直火蒸餾，也是蘇格蘭產業這樣古老製程堅持的最後幾家。從此銷聲匿跡。而前一陣子又受到威士忌愛好者的重新關注，一部分原因是介紹日本威士忌之父竹鶴政孝的晨間劇《阿政與愛莉》引起熱烈的討論，其中竹鶴政孝負笈前往蘇格蘭取經，他待在蘇格蘭學習如何製作威士忌的酒廠，正是龍摩酒廠，因此回到了日本，竹鶴政孝想打造一間自己心目中如同蘇格蘭環境一樣的理想酒廠，余市（Yoichi）就以龍摩作為範本，以類似蘇格蘭緯度氣候的北海道，建立了煤炭直火蒸餾的特殊風味威士忌酒廠，直到現今都還堅持著。

### C. Speyside Single Malt Scotch Whisky

龍摩酒廠的地理位置位於蘇格蘭的斯貝區，屬於斯貝河流域，這塊區域集中了蘇格蘭近一半的酒廠，算是蘇格蘭酒廠的黃金地段，生產著蘇格蘭威士忌主流風格，以飽滿濃郁的果香，厚實的酒體著稱，我們所耳熟能詳的酒廠幾乎都集中在這個區域。

### D. Distilled 2005 Bottled 2019

一般的 OB 威士忌因為追求每一年裝瓶的風味一致，以及調配生產的品質穩定，所以多半不會特地在酒標上標示蒸餾年份和裝瓶年份。獨立裝瓶廠恰恰相反，他們強調的是單一桶裝或是小批次生產，每一次裝瓶的威士忌都是獨一無二，因此，他們會把蒸餾以及裝瓶的年份標出來，或許下次你買到兩瓶酒標長得一模一樣的 IB 威士忌時，喝起來卻大不相同，你可以在標籤上仔細尋找一下關於蒸餾和裝瓶日期的標示，也許就會發現，他們是不同桶或是不同批次的威士忌呢。

### E. Distillers…Bottled by…

獨立裝瓶商品牌不是自己製造威士忌的，所以他們會負責任的將威士忌的生產者公司標示出來，這瓶酒的生產者是龍摩酒廠。而裝瓶者標示的是裝瓶內容物的品味是誰決定的，在這瓶酒上是高登麥克菲爾公司。

### F. Distillery Labels

酒廠印記系列是高登麥克菲爾出版的威士忌系列之一，記錄了他們與蘇格蘭威士忌產業上百年的合作歷程，這些標籤上的圖案都很有歷史意義和價值，每一張的背後都是滿滿的故事。

A

B

C

D

E

## A. Wild Turkey

　　美國波本威士忌名列世界五大產區之一，相對於以大麥芽爲主要原料的蘇格蘭麥芽威士忌，美國波本威士忌的原料則以玉米爲主，法規上要求得標示波本，玉米的比例至少 51%，蒸餾後的酒精度不得超過 80%，並且使用美國白橡木的全新橡木桶陳年。所以蘇格蘭威士忌如果以彰顯具有風格特色的麥芽香氣爲主，那麼美國波本威士忌的特色就具有玉米酒豐富的甜香，以及新橡木桶的顏色和強烈木質調爲風格特色。酒廠位於美國肯塔基州的野火雞酒廠，已經有百年以上的歷史了，而它們有一位號稱「波本教父」的吉米羅素釀酒師（Jimmy Russell）就在酒廠工作超過 60 年，他是世界上任職最久的威士忌釀酒師，他的傳奇等同於近代野火雞酒廠的傳奇，他所訂下嚴格的規則，奠定了野火雞波本威士忌的品質，他堅持非基因改造的原料，不添加酒用焦糖著色，當別人熟成二年就上市，他堅持至少在橡木桶中陳年五年，盡可能地使用玉米原料的數量在法規的最低規範內，混進更多不同的穀類，包含裸麥，以增加酒的複雜性。這就是野火雞波本威士忌與衆不同並得到大量支持者青睞的理由。

### B. Kentucky Straight

肯塔基州是美國威士忌生產的重鎮，這裡以純種馬和波本威士忌聞名，還有大家耳熟能詳的炸雞店－肯德基爺爺也是來自這州。前幾年我的美國波本威士忌之旅，除了參觀威士忌酒廠和賽馬場之外，特別指定的觀光行程，就是要到炸雞店裡面去大快朵頤一番，嚐一嚐肯德基炸雞的發源地，口感會不會特別酥脆，香氣會不會更令人垂涎？

美國有很多廉價的波本威士忌，多半在瓶中除了玉米酒，也會摻入一些廉價的中性酒精和調色，因此，一些比較有信譽的品牌就會在酒標上標 Straight 這個字，代表它瓶內的酒至少陳年二年以上，沒有調色、調味或摻雜其他烈酒，表明它是一瓶好品質的威士忌。

### C. Rye Whiskey

Rye 是穀物的名字，人們稱呼它為裸麥，或是黑麥。裸麥威士忌有相當悲慘的身世，用裸麥做的威士忌曾經稱霸全美國，後來因為 1920 年代美國頒發禁酒令讓它走入地下，裸麥做的私酒橫行，品質無法被規範，甚至因此到了最後，它的名聲成了低劣品質威士忌的代表，以至於 30 年代禁酒令解除，美國威士忌再次復興，以玉米為主要原料的波本威士忌揭竿而起成了主流，裸麥威士忌甚至銷聲匿跡，直到這幾年，人們又重新認識裸麥威士忌的好味道，比起波本威士忌，裸麥威士忌有更豐富的辛香料味，也是許多調酒師非常喜愛的美國威士忌。

## Whisky 還是 Whiskey ？是誰拼錯了字嗎？

目前美國和愛爾蘭這兩個國家所生產的威士忌瓶身上都標示著 Whiskey，比起蘇格蘭、日本、加拿大以及其他新興威士忌產製國家的 Whisky，多了一個 e，因為本來大家都用 Whisky 這個字來代表威士忌，但是在 19 世紀的時候，愛爾蘭是

世界第一的威士忌生產國，它想要跟競爭對手分出差別來，於是加了一個 e，因此變成 Whiskey。

　　就像是每個國家都在生產的氣泡酒早年時都叫香檳，法國香檳區就不准其他產區、不准其他國家所生產與它們作法一樣的氣泡酒叫香檳，只准我自己生產的能叫香檳。美其名是別人生產酒的品質不能跟我比，怕消費者分不清好壞，重新用名字的定義來區隔，說穿了，這就是一種商業手段。而當時美國跟愛爾蘭關係比較好，受到他們的影響比較大，所以也跟著叫 Whiskey，沒想到時代轉變，後來蘇格蘭威士忌當了老大，成了主流，而其他的威士忌生產國就跟著叫 Whisky 了。

### D.Barrel Char No.4

　　威士忌的熟成必須放在橡木桶當中熟成，而橡木桶的製作必須有烤桶的工序，烤桶分成兩種不同的手法，一個是用大火炙燒（Charred），另一個是用小火烘烤（Toasted）。大火炙燒會有熊熊的烈火竄出橡木桶好幾公尺高，讓橡木桶的內部有一層木炭層，這道工序會為威士忌帶來更深邃的顏色，以及煙燻的氣味；小火烘烤有點像是烤麵包機一樣，紅外線使得木材內部的糖分焦糖化，以及轉化木質的風味。這些動作會讓威士忌在橡木桶的熟成中溶出榛果、杏仁、核桃、焦糖、香草、奶油，甚至丁香、肉桂的辛香料氣味。

　　美國威士忌使用的是白橡木桶，它的細胞壁較厚，因此會特別加重大火炙燒的工序，野火雞這支美國威士忌就特別註明了它的橡木桶是四號的烤桶。一般來說，炙燒的時間不會太長，不太會超過一分鐘，一號炙桶（Char No.1）大火炙燒 15 秒，二號炙桶約 30 秒，三號炙桶約 35 秒，而經典的四號炙桶約 55 秒，因為四號炙燒造成桶壁內緣的焦炭層龜裂成鱷魚皮的樣子，所以它又稱為「鱷魚炙燒（Alligator Char）」。

### E.Alcohol By Vol 40.5%（81 Proof）

標準酒度（Alcoholic Proof）是衡量酒精飲品中酒精的含量標示，最早源自於 16 世紀的英格蘭，現代是用比重法來測試一支酒的酒精度，以英制來說，100% 的純酒精為 175 proof 標準酒度，所以我們常見的 40% 威士忌為 70 proof。所以換算時將威士忌的酒精度乘以 7/4 或是乘以 1.75 就是標準酒度，這是英制的度量衡。美國在 1848 年建立自己的標準酒度系統，美制與英制不同，50% 的酒精度對應美制的標準酒度是 100 proof，一般 40% 的酒精度就是 80 proof，換言之，將威士忌的酒精度乘以 2 等於美制的標準酒度。

這支美國威士忌野火雞的酒精度是 40.5%，用的是美制，所以標準酒度標示 40.5 乘以 2 等於 81 proof。蘇格蘭用的是英制，格蘭花格單一麥芽威士忌有一支很有名的酒，酒標中央標示著數字 105，它以 60% 的高酒精度而著稱，60% 的酒精度以英制換算，乘以 1.75 為 105 proof，這就是 105 的由來。不過，標示酒精度和標準酒度的重複性高，現在大部分的酒類在酒標上標示標準酒度的作法已經越來越少，通常只標示酒精度。

A

B

C
D

E

F

## A. 1608

　　布什米爾愛爾蘭威士忌酒廠是全世界最古老的蒸餾廠,我們知道愛爾蘭是威士忌蒸餾的發源地,而這塊土地擅長以三次蒸餾做出優雅的青草香,和純淨細緻,柔順香甜的風格。換算一下時間,這是一家已經超過 400 年歷史的酒廠了。

## B. Bushmills

　　位於北愛爾蘭的布什米爾酒廠於 1608 年得到英王的蒸餾許可證明,並於 1784 年正式註冊了酒廠名字的商標,在威士忌的製程上,他們偏向以熱風來烘乾麥芽,而不是像蘇格蘭酒廠會以泥煤炭的濃煙來燻乾麥芽,因此風味上的呈現偏向於輕

柔細緻，做了三次蒸餾的布什米爾會將新酒的酒精度拉高到85%，一樣都是朝向輕盈清新酒體的設定。

## C. Triple Distilled

在酒標上很清楚地說明它是從事三次蒸餾，比蘇格蘭大部分的酒廠多了一次的蒸餾工序，提高了酒精度，讓穀物原始的氣味少了些，也讓酒質較為細膩優雅，而蘇格蘭的二次蒸餾保留更多穀類粗獷的風味，也造就新酒更有個性。

## D. Aged 12 Years

不管是愛爾蘭威士忌，或是蘇格蘭威士忌、美國威士忌，他們在酒標上寫著陳年12年的年份，就是代表這瓶酒裡的每一滴酒，最少都在橡木桶當中熟成12年，酒液離開了橡木桶的時間都不算數，它有可能用比12年更高的年份去調配，但是不可能用低於12年的酒，只能更高，不能更低。

## E. Single Malt Irish Whiskey

愛爾蘭的單一麥芽威士忌一樣指的是單一酒廠所生產的麥芽威士忌，它的「單一」，指的是酒廠，而不是麥芽的單一品種，愛爾蘭和美國因為歷史變遷的緣故，威士忌多了一個e，可以翻前面內容看美國威士忌的酒標介紹。

## F. Aged in three woods

這支布什米爾12年愛爾蘭單一麥芽威士忌用了三種不同橡木桶來熟成，它先在波本橡木桶裡進行12年的熟成，再混合同樣在Oloroso雪莉桶熟成12年的威士忌，最後放在瑪莎拉桶（Marsala cask）當中後熟18個月完成，增加更多豐富的果香口感。

## 善用威士忌的風味輪

當我們理解威士忌多了一點，也理解到威士忌與食物搭配所迸發出來的火花或許更讓人驚喜，有沒有什麼樣的工具能協助我們用來對於餐酒搭配做出相對正確的選擇呢？

前幾年我去了一趟愛丁堡，順便拜訪了女兒的乾爹－威士忌大師查爾斯麥克連，他的家中有自己專屬的品飲室，一整面的書牆，擺滿了專業的書籍，長桌上擺滿許多從世界各地酒廠寄來的威士忌樣品，都是希望他品嚐並給予意見的。我坐在一張棗紅色的舊式宮廷椅上，背後照進來是愛丁堡微涼氣候的明亮陽光，那天我們在書房一起喝酒，查爾斯一邊告訴我他前一陣子的大工程，他把威士忌當中各種氣味的風味輪更仔細地重新編撰修訂，製作出一幅大圖，於是他從桌子下拿出一幅圖送我，我把這幅風味輪的圖拿回家之後裱框起來，常常一邊品飲著威士忌，一邊用風味輪的氣味對照，喚起自己的生活記憶。

我們常常在品飲時感受到許多不同的氣味，卻拙於言辭，不知道如何用更精準的話語表達一個綜合性的氣味，風味輪可以幫我們細分成許多不同的氣味，協助我們能確切地描述品嚐到的味道。當風味輪上的味道我們並不熟悉時，就可以透過許多方式或換用一些詞彙，例如是果菜市場、花店、到山上踏青、中藥行、咖啡館…，在生活中充實自己在風味輪上的味覺和嗅覺經驗。

我有兩個女兒，從小就將「隱形風味輪」的觀念深植進她們的腦子中，記得有一次農曆過年，回台南老家，母親在大樓門口的花園前等我們回家，帶著小孩和大包小包的行李回家過年，在門口先讓小孩和部分行李

都下了車，我自己去停車，讓母親先帶小孩上樓去。我停好車，扛著剩下的行李，看見貼心的母親回到門口等著幫我拿行李，陪我一起上樓的過程，先經過花園，花園中一株梔子花開得正茂盛，香氣四溢，我忍不住將臉湊過去聞香，母親瞧見了，說我們全家都是一個德行，剛剛兩個女兒多多、妞妞也是搶著在梔子花前聞了半天才上樓，我笑著對母親說，你也是一家人啊！

這些生活中經驗的養成、風味輪的建構，正是未來欣賞美食美酒最重要的工具，老天爺給的東西，長時間不用，祂就收回去了，人類五感的體驗，不是理所當然，我們以為天生擁有的東西，長時間不鍛鍊，它也會失去的。意識到把自己的感官對生活豐富的體驗找回來，就像是對自己五感的復健，很久用不到的肌肉，跟很久沒有打開的味蕾接收器都一樣，都需要復健。用著小心一步步踩穩，再踩另一步的心情，不要好高騖遠，當我們腦子裏沒有那幅完整的風味輪時，請一邊喝著酒，眼睛一邊盯著牆上那幅實體風味輪的圖片，歸零學習，慢慢地把五感重新找回來。

準備好了，那麼我們就開始從拜訪餐廳來探索美食美酒搭配的樂趣吧！

# 當威士忌
# 遇上
# 復古時尚酒食

# L'ARRIERE COUR

　　這家開了 20 年的老酒吧，一點也不老，每年還是有幾次必須要接受時尚雜誌的採訪，分享新觀念，在新媒體風潮的浪頭上，店裡的工作人員扮演起了 YouTuber，在網路上定期的傳播新知。以威士忌作為主題的它，被消費者暱稱為「威士忌博物館」。一家好的酒吧不只是喝酒的地方，它也不只是尋歡作樂的樂園，從歐洲過去的歷史來看，酒吧是藝術文化的搖籃，也是異議人士醞釀著社會良心的地方，它扮演著教育與影響環境，並給予改變環境的人力量還尚未成熟之前的一個庇護所。

## 酒吧裡的人生百態與台客美食

　　酒吧也是小型的心理諮商所，台灣這塊土地並沒有成熟的心理諮商制度，人們面對龐大的社會壓力，當遇到自己沒辦法解決的問題時，往往沒有專業人士的協助、求助無門。當然，如果心裡累出疾病來了，最好找心理醫生諮詢，可是整個社會對求助心理醫生這件事，缺乏正確觀念，為了怕別人異樣的眼光，避之唯恐不及。所以酒吧的吧台上常常成了一塊哈哈鏡，反射著各式的人生，人們在喝醉酒後的一些脫軌行為，一部分或許不是提供場地者的錯，而是整個社會龐大的壓力加諸在人們身上，沒有合理的宣洩之處，但辛苦的酒吧從業人員承擔了部分責任。

後院開了 20 年，仍然時髦著，是因爲每年都有大量來自世界各地的威士忌愛好者前來朝聖，它們提供了道地台灣味的台客美食，像是滷肉飯、炒泡麵、牛肉麵、鹽酥雞、魷魚螺肉蒜。不只在地人喜歡，觀光客也可以一石二鳥，來這裡一邊吃著台灣美食，一邊享受著威士忌聖地的專業服務。

## 與威士忌共同精益求精的酒食美味

酒吧裡提供的食物，可不只是下酒食物而已，端看下廚的人是否有心讓料理和好酒一樣毫不遜色。現任後院主廚的阿三哥其實也能做年輕人學習的表率了，20 年前，後院剛開的時候，他應徵當廚師，在後院工作 7 年，一邊工作一邊拿了大學和研究所的學歷，跟他討論過，他一生的職志不是做菜，是想教人做菜，後來果然如願，離開了後院，改去教書，在學校當了 10 年的餐飲科主任，作育英材，沒想到社會環境少子化讓他不得不離開學校的正職工作，重作馮婦，回來職場擔任主廚，換了新方式，同樣作育英材。料理美食和教養一大批想念他手藝的老客人。

他現在除了帶領廚房團隊學習這個時代日新月異的廚藝精神，也持續兼職在學校教書，正是標準的斜槓人生，活到老學到老。

威士忌和美食的價值一直在推陳出新，我玩賞威士忌的 30 年中，威士忌的潮流瞬息萬變，美食亦是，阿三哥的這道滷肉飯，聽似老派的街邊美食，在他的手裡，解構後昇華再重組，將平凡無奇的美味，推上美食的殿堂。當我將那匙滷肉飯放進嘴裡時，所得到的感動，已經不只是食物而已了。

**Info.**

後院・台北市大安區安和路二段 23 巷 4 號 ｜ 02-2704-7818

WHISKY
&
FOOD PAIRING

（ 復古時尚酒食與威士忌的樂章 ）

### 炒泡麵

後院的炒泡麵被熟門熟路的老饕譽為「黯然銷
魂炒泡麵」，那泡麵 Q 彈微帶著麵心，吃來
軟硬適中，沒有多餘配菜走水妨礙了麵的韌
度，強大辛香料有著逼人的香氣，當我們把那
顆鋪在麵上的溫泉蛋打散，讓蛋液包覆著每一
根麵條，入口濃稠又飽滿，吃完一整盤讓人微
微滲汗的辣度，有種讓人懷鄉的幸福感，飽足
之餘，還想再來一盤。

主廚阿三哥謙卑地說，以前在學校教書，同
時擔任飯店主廚，沒日沒夜地忙完工作後，
回到家幫自己煮碗能安頓身心的泡麵，就是
這道菜的由來。日本人的飲酒文化，常常在
喝了酒之後，需要吃一碗醬油拉麵再回家，
台灣人也有用泡麵在夜半止飢的習慣，泡麵
儼然是安撫以及療癒的在地飲食文化。

02

## 冰花煎餃

吃餃子最重要吃的是包餃子的人的心意，主廚用了剝皮辣椒和豬肉做餡來包餃子，相當有創意的在地食材變化。把包好的餃子在鍋裡排好，以合適比例的麵粉水下去一起煎，除了幫助餃子熟透，也在餃子皮的外面煎出香脆可口的薄皮冰花。趁熱咬下去會爆漿的冰花煎餃，嘴裡微辣的辣椒味混合著肉香和麵香，搭配威士忌 Highball 肯定很合適。日本人喝完酒會去光顧的拉麵店也會賣日式煎餃，餃子先天能搭威士忌的基因不言而喻。

## 威士忌牛肉炒飯

好吃的炒飯所使用的飯要比較乾，因此從煮飯時的設定就決定了炒飯好不好吃，後院用冷藏的隔夜飯來料理，將切成了丁的牛腱心和西洋芹下去炒，炒完再嗆上威士忌，雅柏威士忌（Ardbeg）在蘇格蘭是數一數二的重泥煤炭風格威士忌，用重泥煤威士忌去嗆炒飯，沒有原來的消毒水味，也不是煙燻味，反而帶出一種特殊的青草香氣，加上威士忌原有的麥芽香氣和米飯香融合得恰到好處，是種東西方美學完美相融的氣味。

## 04

### 椒麻豬腳

這道豬腳是主廚獨門絕活，特別使用自然豬，先炸再滷，滷完讓豬腳在滷汁中浸漬一整個晚上，隔天再撈起來，整個滷汁風味都被收進豬腳當中，取出風乾吹涼後，裹粉重新回鍋，以大火炸酥，再用澄清奶油爆花椒，把花椒味加入奶油中，和酥炸的豬腳一起炒上特製醬汁，加上台灣味的香菜，費時 8 道工序，這麼複雜的一道菜才得以大功告成。這道菜用來下酒，椒香迷人、外脆內軟、入口即化、骨肉分離，令人吮指回味。

## 05

### 滷肉飯

滷肉使用了溫體豬肉的 5 個部位來料理，豬皮、豬下巴肉、豬五花肉、豬腳、豬背油，都要分開不同方式來處理，每塊肉手工切成 0.8 公分立方，滷時用 3 種不同風味的醬油，加上特製的老滷汁以及紅蔥頭和豬的 5 個部位一起下去滷，滷出油滑細嫩的滷肉，這麼費工夫，難怪一家酒吧的食物，竟然可以讓許多國家的饕客不遠千里而來。

不過，真正的老饕都知道，好吃的滷肉飯，不只在滷汁上下功夫，這道菜的靈魂是「飯」，主廚用台灣在地花蓮富里產的香米，費心用挑選過的礦泉水來煮飯，先泡再煮，讓飯粒粒分明，飯不會軟爛而吸湯汁，濃稠的滷肉汁輕柔地包覆在飯粒上，這碗滷肉飯入口時，濃郁到能將舌頭黏在嘴巴裡，複雜的香氣和分明的口感，是米其林等級的滷肉飯呢。

### 01

## Aberfeldy12 Year Old Single Malt Scotch Whisky
### 艾柏迪 12 年單一麥芽蘇格蘭威士忌

· 搭配 ·
炒泡麵、威士忌牛肉炒飯

艾柏迪是難得只選用蘇格蘭當地大麥作為原料的酒廠，有著石楠花蜜的甜香和飽滿的酒酯是它的特色，淡雅的煙燻味、成熟的柑橘和丁香的香料味，跟有著許多辛香料味的炒泡麵相呼應；而和另一道威士忌炒飯的搭配中竟然把西洋芹菜帶出了水果甜香。

### 02

## Loch Lomond Single Grain Scotch Whisky
### 羅曼德湖單一穀物蘇格蘭威士忌

· 搭配 ·
炒泡麵、冰花煎餃

羅曼德湖單一穀物威士忌是非常特別的一支酒，它使用了 100% 的麥芽來製作，但用了連續式蒸餾器來蒸餾，所以不能標示麥芽威士忌，只能標示穀類威士忌。聞起來相當清爽的香氣和淡雅的花香調，搭上炒泡麵是稱職的配角，讓麵香四溢，與冰花煎餃的搭配時，讓食物倍增清甜。

**03**

Deanston Sherry Cask Finish 12 Year Old
Single Malt Scotch Whisky

## 汀士頓雪莉風味桶 12 年單一麥芽蘇格蘭威士忌

· 搭配 ·

炒泡麵、椒麻豬腳

以綠色永續為酒廠的概念，用蘇格蘭原生大麥品種來製作汀士頓的每一款威士忌，這支重雪莉桶風味的單一麥芽威士忌是為台灣市場量身訂製的特別版，聞起來有濃郁的果乾和辛香料的味道，入口飽滿卻十分溫潤。雪莉桶風味和重口味百搭，不管是炒泡麵撲鼻的辛香料，還是椒麻豬腳的豐厚油脂皆相得益彰。

---

**04**

Laphroaig Quarter Cask Single Malt Scotch Whisky

## 拉佛格 1/4 桶單一麥芽蘇格蘭威士忌

· 搭配 ·

椒麻豬腳、滷肉飯

這支拉佛格 1/4 桶威士忌是很有創意的換桶技法，將原來放在波本桶當中的威士忌，最後的熟成移至特別訂製的 1/4 尺寸大小的小橡木桶當中，並放置在迎著海風的古老倉庫中熟成，並以 48% 較一般威士忌高的酒精度裝瓶，表現出更豐富的氣味。拉佛格來自專門生產重度泥煤炭風味的艾雷島，所以泥煤炭的煙燻味和製程中豬皮炸得焦香的豬腳，還有香菜，和來自土地的泥煤味迸發出青草味，實在太美麗了。而油脂豐厚的滷肉搭泥煤味不只消油解膩，還變化出讓人超乎期待的美味。

# STEVEN 的

# 酒 單

## 05

### Wild Turkey RYE Whiskey
### 野火雞美國裸麥威士忌

· 搭配 ·
椒麻豬腳、威士忌牛肉炒飯

美國最早的威士忌不是用玉米做成的波本威士忌，而是以裸麥作爲原料，後來因爲歷史發展，裸麥式微，因此這支威士忌是野火雞酒廠用以來向美國最早的蒸餾酒致敬。美國威士忌特有的奶油甜香以及裸麥威士忌特有的辛香料味，與椒麻的辛香和豬腳的油脂在嘴裡融合得相當好。而裸麥威士忌中特有的辛香料味和炒飯搭配，彷彿在氣味當中加入了胡椒和咖哩。

## 06

### Koval Four Grain Single Barrel Whiskey
### 科沃四重奏美國威士忌

· 搭配 ·
椒麻豬腳、滷肉飯

來自芝加哥的工藝製酒廠科沃，只使用來自美國中西部有機農場的自然穀物生產威士忌，他們堅持從原料到裝瓶的每個細節一絲不苟，推廣本土的可持續發展農業，不使用基因改造農產品，小批次生產，因此一推出就頻頻獲得國際烈酒大賽的肯定。四重奏指的是威士忌原料混和了燕麥、麥芽、裸麥、小麥這四種穀物，這複雜風味的四重奏正巧與複雜風味的豬腳和滷肉飯相合，成熟香蕉的甜香，和一絲辛香的餘韻，幫濃郁口感的尾韻，下了最好的收尾。

# 酒單

## 07

### Gordon & MacPhail – Longmorn 2005
### Single Malt Scotch Whisky

**高登麥克菲爾 - 龍摩 2005 年單一麥芽蘇格蘭威士忌**

· 搭配 ·
冰花煎餃、威士忌牛肉炒飯

這支威士忌是有著百年歷史的獨立裝瓶廠高登麥克菲爾選桶，是屬於相當少量的單一年份小批次生產，來自龍摩酒廠，淡雅的琥珀色，有著清楚的雪莉桶陳年的風味，沒有過重的雪莉桶著色，聞起來是更多萃取自橡木桶的辛香料氣息，入口有石楠花蜜的甜香，嘴裡有丁香、肉桂的尾韻，煎餃中剝皮辣椒優雅的辣味和威士忌搭配得不錯，炒飯中的大鑊焦香與威士忌的麥芽香氣融合在一起。

## 08

### Bruichladdich Octomore 10 Year Old
### Single Malt Scotch Whisky

**布萊迪奧特摩 10 年單一麥芽蘇格蘭威士忌**

· 搭配 ·
滷肉飯、椒麻豬腳

布萊迪酒廠所生產的奧特摩威士忌，基本上已經打破了蘇格蘭威士忌的成規和想像力，用泥煤炭燻烤出石破天驚的泥煤炭濃度，這支在 2016 年推出全球限量的第二代 10 年，擁有 167ppm 的泥煤酚質濃度，已經睥睨全蘇格蘭，不過，相比於同樣奧特摩過去曾經出版過的威士忌來說只是小巫，還有超過 300ppm 的神獸級的大巫呢。要對付項羽，只好找劉邦出馬，要與如此狂暴的口感搭配，非得要同樣強大的口感和氣味才能形成美好的恐怖平衡。

# 酒 單

## 09

### The Hakushu Distiller's Reserve
### Single Malt Japanese Whisky
### 白州單一麥芽日本威士忌

· 搭配 ·

冰花煎餃、威士忌牛肉炒飯

建造在日本南阿爾卑斯山的白州酒廠，是座森林的酒廠，我第一次
去參觀時，我的導覽者是曾經擔任過酒廠經理的宮本博義先生告訴
我，爲了保護整片森林，蓋酒廠時，他們盡力不砍掉任何一棵樹木，
所以蓋在森林的儲酒倉庫中，那一桶桶的威士忌，每天在森林中呼
吸著芬多精。所以每每我在嗅聞著白州威士忌，那如薄荷般新鮮的
涼意，輕快而爽朗，十足森林系。不管是純飲，還是用著日本人最
喜歡的威士忌加蘇打水，並在酒杯裡裝飾上薄荷葉，拿來搭配清爽
的食物，都非常棒的。

## 10

### Bushmills 12 Year Old  Single Malt Irish Whiskey
### 布什米爾 12 年單一麥芽愛爾蘭威士忌

· 搭配 ·

滷肉飯、威士忌牛肉炒飯

從事三次蒸餾的愛爾蘭威士忌有著相對蘇格蘭威士忌更清爽細緻
的口感，這支布什米爾不只蒸餾做三次，熟成也用了三種不同的橡
木桶，除了波本桶香甜的奶油香和雪莉桶帶著果乾的香料味，它還
在馬莎拉紅酒桶當中後熟了 18 個月，增加更多果香，像是杏桃、
蘋果、梨子、水蜜桃，好似繽紛的水果蛋糕。滷肉飯中的紅蔥頭和
威士忌搭出了肉粽的香氣，而愛爾蘭威士忌的細緻也能和炒飯中牛
肉的豐富滋味以及西芹的清爽互相呼應。

小後苑

—

# 當威士忌
# 遇上
# 在地創意酒食

# BACKYARD JR.

　　這家店設定自己爲威士忌餐廳，與一般我們熟悉的餐廳模式不一樣，西式餐廳都是以葡萄酒作爲主題，日本料理多半銷售清酒，而台式快炒店就是啤酒的天下了，那麼我要喝上幾杯有水準的威士忌，只能去酒吧，而人們對酒吧的想像，多半是提供些下酒菜，塡塡肚子，跟美食就毫無關係了。小後苑從一開始就嘗試著將威士忌和美食的餐酒搭配結合起來，這是過去一般餐廳沒有嘗試過的領域，除了要有足夠的威士忌專業知識，還要與廚師的搭配，主廚如果沒有足夠的心胸開闊、充分的想像力和創造力，「威士忌餐搭」聽起來容易，卻是相對難以執行。

## 潛在於台式飲食基因的威士忌餐搭

　　台式的食物從骨子裡就有與威士忌交歡的基因了，透過同樣是穀類原料的高粱酒，早就埋進老饕的血液裡了，生活中由蒸餾烈酒所發展出來的飲食文化，和由葡萄發酵酒所產生的美食文化，食物的濃郁度、複雜度、辛香料的使用、口味的特色，一定大不相同，西方的葡萄酒文化讓食物更傾向食材原味的展現，而東方的高粱酒文化讓食物有麻辣、有蔥薑蒜、有醬油、有各式濃郁複雜的菜色，都能合得很好，今天我們將高粱酒替換成了威士忌，一樣相得益彰。

## 從酒食反映歷史融合之

小後苑餐飲的設計將「──美食的歷史」演變作為主軸線，切出幾個重要的時間點，有日治菜色、辦桌菜、酒家菜、眷村菜、夜市小吃，從中找出幾樣具有時代性的代表食物，再將挑出來的每道菜做分析，解構後再重組，賦予新的生命。同時思考產地履歷，紀錄食材的來源，充分以這塊土地作為出發點，而料理的技法卻不局限於台式，融進了日式、西式、中式的手法，就像是這塊土地的美食文化一樣，在歷史中經歷過各種文化的衝擊，而美食文化的心胸氣度超大，將不同的文化全部混融一起，變化出屬於這塊土地獨有的精采。

---

**Info.**

小後苑・台北市信義區松壽路 9 號 3 樓（新光三越 A9 館）｜
02-2722-0353

WHISKY
*&*
FOOD PAIRING

（ 在地創意酒食與威士忌的樂章 ）

01

## 酸甜鴨胸

這道菜是「台式酸菜鴨」的變化，將原來的鴨湯解構重組成包圍在鴨胸旁的高湯凍，微帶酸味的湯凍，和熟成後的鴨胸肉搭配得天衣無縫，佐以韭菜醬，加上自己醃漬的酸菜心和香菜苗，吃起來酸甜酸甜，與一般煙燻或乾煎的鴨肉相比，風味更引人垂涎，質地更細膩，而且有更飽滿成熟的風味。

## 02

### 山珍海味

從辦桌菜開始發想，宴席料理第 1 道菜就是「山珍海味」的拼盤，這道菜把原來好大一盤的冷前菜變成一口即食的大小，放在米餅上，把所有的山珍和海味都融合在一起，並且找到其中美味的平衡。其中用了主廚擅長的發酵方式，讓食物帶點自然的酸度，以及複雜的香氣，開胃極了。

## 03

### 洄瀾牛肉

洄瀾是花蓮的舊名，源於早期漢人移墾到花蓮，搭帆船到花蓮溪口時，看見外海黑潮由南向北，撞擊海岸線，溪水和海浪互相衝擊，形成「洄瀾」，故名之。這道菜取其意，將切成丁狀的牛肋條和糖漬杏桃，佐以來自這塊土地的烏魚子、剝皮辣椒、晚香玉筍，排成一道洄瀾的模樣，象徵兩種不同的文化彼此激盪。美食的本質也是由不同文化彼此融合出更複雜、更有深度的美好。

## 04

### 羊肉爐小羔羊

許多台式的羊肉爐會嘗試著用中藥燉煮的氣味來壓抑羊肉的腥羶，這道菜希望羊肉的本質是主角，因此選取了小羔羊，肉質軟嫩、汁多、味美，沒有一般的羊騷味，調配了少量而適當的藥膳風味當作配角，輕輕地妝點肉質的風味，讓羊肉些微的野味成為迷人卻不擾人的氣味，一旁再佐以台式的豆腐乳，彷彿傳統羊肉爐店的佐料通通都有，吃起來卻是完全不同的全新體驗。

## 05

### 焢肉飯

台式街邊在地美食是人民生活的一部分，也是我們的記憶和鄉愁，不過由於這樣的菜色長久以來為了能提供給每一位普羅大眾日常的飲食，用價格限制了所能使用材料的變化，讓這些有資格大放異彩的美食，一直以來僅僅侷促在街角，期待著有一天能登上大雅之堂。這道焢肉飯拆解了傳統焢肉飯所有的細節，換上最棒的台灣米，用最好的自然健康豬肉，回歸古早味無添加的手工醬油，自行調配滷包的香料，自己在廚房裡醃漬每一道小菜，將每個細節做到極致，再重組起來，吃吃看跟我們熟悉的焢肉飯有甚麼不一樣？

# STEVEN 的

## 酒 單

### 01

#### OMAR Bourbon Type Single Malt Taiwanese Whisky
#### OMAR 波本花香單一麥芽台灣威士忌

· 搭配 ·
山珍海味、酸甜鴨胸

台灣在地生產的威士忌有著這塊土地快速熟成旺盛的香氣，南投 OMAR 的波本花香特別有一股文山包種茶的茶香，相當迷人，這樣細細綿延不絕的香氣和花香和茶香的口感，很適合搭配細緻口味的菜色，酸甜鴨胸和山珍海味這兩道菜都有用發酵和熟成的技法，略帶酸味的口感讓威士忌更甜了。

### 02

#### Cotswolds 2014 Odyssey Barley
#### Single Malt English Whisky
#### Cotswolds 2014 奧德賽大麥單一麥芽英格蘭威士忌

· 搭配 ·
山珍海味、酸甜鴨胸

這家來自英格蘭小量生產的威士忌酒廠，威士忌上市就一鳴驚人，得到威士忌聖經極高的評價，不要看它很年輕的陳年，卻相當好喝，一入口像蜂蜜般的香甜四溢，還有香草冰淇淋加上脆餅皮的爽快風味，搭配酸甜酸甜的食物，意外地好合，與山珍海味中的鵝肝加上荸薺，加乘的爽脆和濃醇。

### 03
## Fettercairn 12 Year Old Single Malt Scotch Whisky
## 費特肯 12 年單一麥芽蘇格蘭威士忌

· 搭配 ·
山珍海味、酸甜鴨胸

這是一家被低估的酒廠，過去長時間扮演調和威士忌原酒的角色，讓人們錯過了它用特殊製程來製造出細膩風味的酒液，費特肯加裝了一個灑水系統在蒸餾器的天鵝頸上，讓蒸餾時的水沿著銅壁流了下來，冷卻了炙熱的鵝頸，讓沸騰的酒液有更多的迴流，萃取出更乾淨細緻的威士忌。我喜歡它帶著奶香般溫潤的口感和發酵過後的木耳、香菇和淡淡的醋香彼此溫柔地融合。

### 04
## Highland Park 18 Year Old Single Malt Scotch Whisky
## 高原騎士 18 年單一麥芽蘇格蘭威士忌

· 搭配 ·
酸甜鴨胸、羊肉爐小羔羊

來自蘇格蘭極北的歐克尼島，島民們有著 1/3 的維京人血統，他們使用當地泥煤煤炭來燻烤麥芽，做出帶著豪邁煙燻味的威士忌，而高原騎士正是其中的代表威士忌酒款，加上雪莉桶的陳年，加上些許的辛香料氣味，讓這支威士忌好適合搭配帶著香料味和複雜氣味的食物。與酸甜鴨胸搭配時那原來隱約的煙燻味，反而凸顯出來。而羊肉爐小羔羊中淡掃蛾眉般的藥膳味，簡直和高原騎士的味道不謀而合啊。

# STEVEN 的

## 酒單

### 05

Michter's Bourbon Whiskey

**酩帝 Michter's bourbon 美國波本威士忌**

· 搭配 ·

酸甜鴨胸、羊肉爐小羔羊

美國威士忌以玉米作爲原料和重度烤桶的風格，讓酒液有更多的甜味和煙燻感，酒中屬於酯類的甜感一直是食物的好朋友，而煙燻感跟酸甜鴨胸的搭配大爆炸，相當令人驚艷。而酩帝波本的香甜跟小羔羊的野味融合在一起，跑出了有趣的奶油爆玉米花香氣。

---

### 06

Tobermory 12 Year Old Single Malt Scotch Whisky

**托本莫瑞 12 年單一麥芽蘇格蘭威士忌**

· 搭配 ·

酸甜鴨胸、洄瀾牛肉

位在蘇格蘭西邊的莫爾島只有一家酒廠托本莫瑞，藏在來來往往船隻遇到風浪時的避風塘，我上次去拜訪時，搭著當地威士忌，吃著島上有名的淡菜，小小一顆，卻味道很足，或許是酒廠建造在海港旁邊，喝著它的威士忌總是隱約帶股鹹味，這股鹹味正是搭餐的秘密武器，就像是在煎好的牛排上撒上鹽花，什麼都不用多做，就很鮮美。

# STEVEN 的

## 酒單

### 07

### Ballantine's 17 Year Old Blended Scotch Whisky

### 百齡罈 17 年調和式蘇格蘭威士忌

· 搭配 ·

洄瀾牛肉、控肉飯

連續好幾年在威士忌聖經屢獲高分的冠軍酒款百齡罈 17 年，對我而言，它是一支很平衡的酒，初學者常常會對冠軍、高分的威士忌有過多的期待，說實話，喝了冠軍的酒，是不會讓自己的舌頭上開出一朵蓮花的。反而有麥芽香甜、水果香氣、淡淡煙燻、些微的辛香料都平衡得很好的百齡罈，用一種很優雅的方式，讓我們在生活中就能輕易地享用，與辣味、牛肉的油脂與醬油的鹹香味，都能輕易交歡。

### 08

### Mortlach 16 Year Old Single Malt Scotch Whisky

### 慕赫 16 年單一麥芽蘇格蘭威士忌

· 搭配 ·

洄瀾牛肉、控肉飯

這幾年慕赫才從老饕的口袋名單，慢慢上升到讓一般消費者也聽過它的名字，它從所有首席調酒師指定頂級威士忌氣味的必選，轉變成愛好者開始研究起它名之為 2.81 蒸餾的數字到底是怎麼一回事？有人欣賞它充沛的麥芽香氣，有人喜歡它飽滿的果香，更有人說，特別喜歡它所蘊含那隱約的野獸氣息。慕赫號稱有肉味的達夫鎮野獸，像是無肉不歡般，好吃的肉都能與它絕配。

# 酒 單

### 09

Paul John Nirvana Indian Whisky
**保羅約翰 Nirvana 單一麥芽印度威士忌**

· 搭配 ·
羊肉爐小羔羊、洄瀾牛肉

我們知道威士忌的原料只有麥芽、酵母菌和水，即使印度威士忌保羅約翰也是，然而，神奇的是，這支酒一入鼻就有肉豆蔻的味道，喝起來就有丁香、肉桂和生薑的口感，彷彿風土在威士忌身上施了魔法。所以我喜歡帶著印度威士忌去搭一些有咖哩、麻、辣、藥膳、泰式像這類有辛香料的食物，往往都很容易自然而然地搭在一起了。

### 10

Macallan Double Cask 12 Year Old
Single Malt Scotch Whisky
**麥卡倫雙桶 12 年單一麥芽蘇格蘭威士忌**

· 搭配 ·
羊肉爐小羔羊、控肉飯

很多人喜歡雪莉桶威士忌的顏色很深，卻不知道，雪莉桶威士忌很適合搭配顏色很深的食物，像是滷成深咖啡色外表油亮的滷味，或是像燉成黑金般入口即化的控肉。這支麥卡倫 100% 雪莉桶陳的威士忌用了美國橡木和歐洲橡木製桶，所以它同時有美國橡木香草般明亮的氣味，以及歐洲橡木深沉的丹寧木質調。五花豬肉顏色燉得越深，油脂部位越多，搭起來越過癮。

大三元酒樓

—

# 當威士忌
# 遇上
# 粵菜復興

# THREE COINS

　　在台北市聚集了最多政商名流的博愛特區，創立於 1970 年的大三元，幾十年來號稱博愛特區最好的餐廳。早期從香港的大三元挖角了 6 位大廚來開設這家融合生猛海鮮的粵菜和推車飲茶點心的餐廳，知名歌仔戲小生楊麗花是店主的乾女兒，開幕時請她來剪綵，人山人海、盛況空前，據說因此塞爆了幾條街的交通。

## 走過歷史洪流的飲食傳承

　　1990 年代股票大漲，台灣錢淹腳目，大三元順勢做起了龍鮑翅（龍蝦、鮑魚、魚翅），成了隨著股市上下的金融餐廳。隨著台北西區沒落，部分商務辦公以及公家機關搬離博愛特區，加上已經成了老店，年輕人不了解這種靠老師傅手藝傳承在歷史中被老饕們的口水千錘百鍊琢磨出來的美食，而追逐靠短暫網路行銷出來的打卡美食，加上想認真學習老菜色的廚師們難找，所以有一陣子店主人對於傳統美食的延續有些灰心。沒想到法國米其林評鑑進駐台北，連續 3 年給了大三元一顆星，有了米其林的加持，新的消費者進來了，廚師們也進來學習了，外場的服務者更有動力了。

　　當許多人在質疑米其林評鑑的公平與否時，我從大三元身上看到不一樣的東西，透過米其林評鑑，讓更多人看到這間店有著深厚的飲食水平，隨著時代的發展，對

於新形態的行銷和人員傳承接續上有困難的餐廳，間接地讓他們順利轉型，讓愛好美食的老饕們再度有了光顧店裡的可能性。

## 從空間到飲食，依舊迷人的老店講究

在寫這本書的時候，正巧是大三元整修後重新開幕沒多久的期間，前往探訪時，我發現店內仍保有過往有著老故事的古董、文人字畫，那種歷經風華年代洗禮的仕紳藝術氣息，一樣那麼的讓人熟悉、頻頻想起以前用餐的愉悅時光。而在客人看不到的廚房設備部分則下足了功夫、做出一番新的整頓，為讓用餐者能更快地享受到好品質的美食，這不就是老店對自己的細緻要求嗎？正如他們一直不退流行、精益求精的料理一樣。

## 時間淬鍊下的老菜復刻滋味

今年 50 週年的大三元，不是在著墨於創新的菜色，而是老菜的復興，他們很努力地去探訪那些 80、90 歲已經退休的老廚師，他們一生待在廚房裡，腦子裡就有上千道的食譜，本人就是一本美食活字典，他們仍然充滿熱情，渾身功夫不怕人家學，只怕沒人要學，對於大三元來說，與其努力在現今流行融合風的新粵菜上，不如把真正的老菜重新復刻，這些充滿手工藝細節的老菜，在這個已經讓人忘記什麼是美食的速食時代，經過時間淬鍊而完美的老菜譜，才是人們渴求的新口味。

---

**Info.**

大三元‧台北市中正區衡陽路 46 號 | 02-2381-7180

WHISKY
&
FOOD PAIRING

( 粵菜與威士忌的樂章 )

01

### 金湯蟹肉蛋白

這道去年才剛推出的新菜，花雕蒸蛋是最傳統的廣東菜，湯頭用的是廣東菜的上湯，用老母雞和金華火腿來燉煮，如今好的金華火腿越來越少了，所以越來越多重視品質的老師傅把火腿拿掉，乾脆燉純粹的雞湯，不過雞湯很難燉出像上湯般濃稠又漂亮的色澤，在考察香港和上海其他老師傅的做法後，偶然發現了鹿野的黃土雞，從雞皮、雞油、雞肉都呈現非常漂亮的金黃色澤，於是用 3 公斤重的老母雞燉湯，重現過去的上湯風味，雖然沒有金華火腿，滋味不減，在蛋白上淋上金黃色的雞湯，滴上幾滴花雕，搭海鮮絕配。

## 02

### 叉燒酥

廣式點心的魅力就在於小小一塊，精緻而變化豐富，在茶樓搭配飲茶推車，每一種都能點上一些，不會吃得太飽，又可以很優雅，叉燒酥正是其中的經典，廣式燒臘中的叉燒切碎調味，包上油酥皮，烤得金黃金黃，吃起來酥脆可口，一口茶一口酥脆，美妙極了，換成一口威士忌也會相合嗎？我自己試過純粹叉燒肉搭威士忌，很棒，相信叉燒酥也合。大三元用上下兩種不同的派皮，上面是菠蘿麵皮的酥，下面是千層派皮的鬆，叉燒是店內燒臘師傅自己烤出來的，調味鹹甜鹹甜，讓人忍不住一口接一口。

## 03

### 蔥燒餅

油酥蔥燒餅是華人世界常見的傳統小吃，據說是在東漢時班超自西域帶入，所以也叫胡餅，因為合大家的胃口，後來很快推廣開來，唐朝時，家家戶戶都在吃胡餅。大三元蔥燒餅的內餡就只使用兩樣原料，三星蔥和火腿，看起來就像蟹殼黃，吃起來卻完全不乾澀，滿滿的肉汁加上濃郁的三星蔥香，好吃到桌上忍不住掉了滿滿的芝麻。

## 廣式烤鴨

廣式烤鴨和北京烤鴨最大的差別，在於廣式的製作方法是皮肉不分離，不像北京式的烤鴨會有「吹鴨」的一道工法，把鴨吹脹，烤好時將皮肉分開吃。而廣式烤鴨不吹鴨，所以皮與肉之間的油脂不會跑掉，鎖在其中，吃起來更豐腴，兩者各有風味，各有擁護者。大三元用獨到的香料磨成粉塞進鴨身，燙完、上醋水，晾乾 8 小時再烤，慢火烤 90 分鐘。從一開始準備直到把鴨烤好，大約要花上 2 個鐘頭的時間，為了美味的堅持，大三元的烤鴨不賣半隻，不事先烤好等待客人上門，因為鴨子一出爐油脂就會慢慢流掉，這樣對美食的褻瀆絕對不允許，所以這裡的烤鴨只能預定，無法現場點菜。每只鴨都是新鮮到差一點呱呱叫。

# 05

## 鴨粥

來了大三元，點了鴨，煮湯不錯，其中一吃更建議煮粥，由於這裡只出一整隻鴨，所以一定是用自己桌上那隻鴨的鴨架子去熬，廣東粥的作法，粥一定要熬到又綿又密，若在家裡熬粥懶得等，可以先把米打碎再去熬，但在大三元可不走這一套，因為老饕一定吃得出來中間細微的差異，他們堅持用米粒加腐皮，加入剁好的鴨架子和鴨湯，簡單的調味，慢慢熬出細緻的氣味，這就是老店的本事。

## 避風塘豬肋排

避風塘在大三元有許多的搭配法，最多的就是季節到了會推薦的「避風塘炒蟹」，如果餐桌上已經點了許多海鮮，就會推薦從炒蟹變化而來的避風塘炒豬肋排，避風塘的做法跟肉也很合。大三元的炒蒜酥一看就跟外面的作法不一樣，蒜酥更細，顏色炸得更金黃，這其實需要更多火候的拿捏，原來是因為有許多的客人點了這道菜之後，喜歡把吃完主食後的蒜酥加進鴨粥當中拌著一起吃，格外美味。在口味上，除了避風塘作法迷人的鹹、香、辣之外，調味會再多加了一點糖，讓整道菜多了一些微甜的感受，炒完後的焦甜香，一聞就讓人飢腸轆轆。

# STEVEN 的

## 酒 單

### 01

**Royal Salute 21 Year Old Blended Malt Scotch Whisky**

## 皇家禮炮 21 年調和麥芽威士忌

· 搭配 ·

金湯蟹肉蛋白、廣式烤鴨

當我勺起一湯匙的金湯蟹肉蛋白，將口中的皇家禮炮喝下去，其中有一股熟悉的味道跟威士忌合拍到不像話，在記憶中搜尋怎麼也找不到答案，於是問了當天採訪的小老闆，啊～原來是紹興酒，他們在這道菜裡加了花雕，而紹興酒的味道與雪莉酒如出一轍，皇家禮炮 21 年的調合麥芽酒有一定比例的雪莉桶陳威士忌，氣味自然而然的就融合在一起了。

### 02

**The Yamazaki Distiller's Reserve
Single Malt Japanese Whisky**

## 山崎單一麥芽日本威士忌

· 搭配 ·

金湯蟹肉蛋白、叉燒酥

每次我遇到餐點中有老母雞湯，我都會準備一小勺威士忌倒入湯中，原來濃郁的雞湯馬上就變成了薑母鴨湯，像是變魔術一般，很有趣，屢試不爽。我用山崎威士忌嘗試也得到一樣的風味，而且湯頭變得更甜美，蟹肉更鮮。這招小把戲對清湯無用，要加入那些花了大把鐘頭辛苦熬製出來的上湯才有用，把威士忌加進去，就知道這道湯有沒有下工夫了。

# STEVEN

的

## 酒 單

### 03

### Ardbeg 10 Year Old Single Malt Scotch Whisky
### 雅柏 10 年單一麥芽蘇格蘭威士忌

· 搭配 ·
金湯蟹肉蛋白、鴨粥

用雅柏如此重的泥煤味來搭餐眞是大膽的嘗試，我以前試過用重口味的食物來搭配，以暴制暴，沒有問題，可以搭的。這本書我想嘗試用一些細緻的風味來搭配，看看能不能合，在金湯中雅柏濃重的煙燻味化爲繞指柔，成了青草味。而鴨粥與雅柏互搭甜美極了，這兩道看起來清爽的菜色是僞清淡，看起來簡簡單單、金黃色的雞湯卻一點都不淡，而清清爽爽的鴨粥是熬了許久的鴨架子，把精華都萃取進去了，一點都不簡單。

### 04

### Woodford Reserve Kentucky Bourbon Whiskey
### 渥福精選美國波本威士忌

· 搭配 ·
廣式烤鴨、叉燒酥

渥福是肯塔基州最古老也是最小的手工製作酒廠，或許也是最美麗的威士忌酒廠，用著跟蘇格蘭一樣的傳統銅製壺式蒸餾器，做了三次蒸餾，這樣的威士忌一點都不美國，是獨樹一幟的逸品。我刻意拿這樣特殊的美國威士忌來搭烤鴨試試看，結果渥福威士忌的甜美竟然跟用麵皮來包烤鴨抹在其中的甜麵醬最合，害我馬上又包了一捲烤鴨來吃，上面沾了滿滿的甜麵醬，啊～太棒了。

# STEVEN 的

# 酒 單

## 05

### Glenrothes WMC Single Malt Scotch Whisky

### 格蘭路思 WMC 單一麥芽蘇格蘭威士忌

· 搭配 ·

廣式烤鴨、叉燒酥

烤鴨配美國威士忌的甜美很好，當然配蘇格蘭威士忌雪莉桶的甜美一樣很棒。格蘭路思的 WMC 使用了 100% 的首次裝填雪莉桶來熟成，有豐富飽滿的氣味，特別是清楚的巧克力風味、煙燻烏梅、葡萄乾，還有辛香料的氣味，與帶些煙燻肉類氣味的叉燒也很合。

## 06

### Glenfarclas 21 Years Old Single Malt Scotch Whisky

### 格蘭花格 21 年單一麥芽蘇格蘭威士忌

· 搭配 ·

廣式烤鴨、叉燒酥

一直以來都是以家族傳承的格蘭花格，堅持直火蒸餾的古老技法，有些人會說格蘭花格的酒有一股煙燻味是來自直火蒸餾的工序，但是我覺得直火蒸餾有著控制上的難度，不像間接加熱的穩定，它給的或許不是明顯的煙燻味，而是因為複雜性所造就的深度。在和食物的搭配之下，這支格蘭花格經過 21 年的熟成，本身就有更複雜的氣味，而複雜的酒也會帶出食物更多複雜的氣味，讓這樣的搭配超乎我想像的有深度。

# 酒 單

## 07

### Aberlour Double Cask 12 Year Old
### Single Malt Scotch Whisky

### 亞伯樂雙桶 12 年單一麥芽蘇格蘭威士忌

· 搭配 ·

叉燒酥、蔥燒餅

去過亞伯樂酒廠許多次，每次去都會買一瓶波本桶熟成酒廠限定版的單一桶原酒，亞伯樂一直是我覺得被低估的酒廠，它的雪莉桶風味威士忌很精彩，大家不熟悉的波本桶風味更精彩。這瓶 12 年，即使是很重的雪莉桶風味，仍然壓抑不住本質的鳳梨水果香，帶點淡淡的酸梅味，酸酸甜甜的口感與酥餅的麵香非常合拍。

---

## 08

### Bowmore15 Year Old Single Malt Scotch Whisky

### 波摩 15 年單一麥芽蘇格蘭威士忌

· 搭配 ·

蔥燒餅、叉燒酥

位於艾雷島的波摩酒廠，比起其他以波本桶為主要風味的陳年，波摩是難得以雪莉桶為主的陳年，深邃的顏色加上 25-28ppm 中度的泥煤濃度，讓許多不能接受艾雷島消毒水般泥煤味的老饕，更能夠接受波摩。加上波摩酒廠的特色有一股皂味，在經過橡木桶的陳年後，也會變成香水味，十分迷人。中度泥煤加上重雪莉桶加持的波摩 15 年，讓燒餅酥餅多了一股火腿味。

## 09

### Edradour Ballechin 10 Years Old
### Single Malt Scotch Whisky
### 艾德多爾 Ballechin 10 年單一麥芽蘇格蘭威士忌

· 搭配 ·
蔥燒餅、叉燒酥

曾經號稱是全蘇格蘭最小的酒廠，3 個工人要完成全廠的運作，因為幾乎是人工在運作，所以不需要跟那些大量工業化生產的酒廠比較，艾德多爾可以好整以暇地做出各種不同的製程實驗。這支是酒廠少量重泥煤的設定，它的泥煤味不是消毒水或正露丸的氣味，比較像是燻肉、臘肉，滿滿撲鼻的肉香，煙燻味瞬間把燒餅酥餅都變成了烤餅，哈～

## 10

### Glen Scotia 15 Year Old Single Malt Scotch Whisky
### 格蘭帝 15 年單一麥芽蘇格蘭威士忌

· 搭配 ·
蔥燒餅、叉燒酥

來自曾經是工業重鎮的坎培爾鎮的格蘭帝，身上還是帶著故鄉中的硬氣味，低度的泥煤炭，還有聞起來有著胡椒味的酒液，跟現在市場上流行軟軟香香的威士忌截然不同，或許正是記錄了那塊土地人們的硬脾氣。淡淡煙燻的泥煤炭香跟現烤出來的蔥燒餅優雅的麵香，簡直天作之合，在嘴裡，有著早餐烤吐司時，自己會刻意烤焦一點的吐司焦香味，很迷人。

### 11

#### Bruichladdich Islay Barley 2010 Single Malt Scotch Whisky
#### 布萊迪艾雷島大麥 2010 單一麥芽蘇格蘭威士忌

· 搭配 ·

避風塘豬肋排、鴨粥

布萊迪這家酒廠對出版的每一批威士忌都有堅持,記錄完整的產地履歷在他們的官網之中,這支酒是由艾雷島上 8 名農戶種植的大麥製成,用的是 Optic 和 Oxbridge 兩種大麥,大多數使用首次裝填波本桶熟成,有些使用南法甜酒桶陳年,非冷凝過濾,不加焦糖調色。這樣清清楚楚的產地履歷,每一個人都能上網查自己手上的酒,生產時是怎麼被細心對待。這支酒有細細的奶香,甜香,搭點帶點辛辣氣息的食物,恰到好處。

### 12

#### Glenmorangie Lasanta 12 Year Old
#### Single Malt Scotch Whisky

#### 格蘭傑 Lasanta12 年單一麥芽蘇格蘭威士忌

· 搭配 ·

避風塘豬肋排、鴨粥

這支雪莉桶風味的格蘭傑,是先放在美國波本桶中 10 年熟成出格蘭傑酒廠的基本香草奶油氣味的調性,再放入雪莉桶當中後熟二年,把雪莉桶當中的巧克力、葡萄乾的氣味萃取進酒裡,以胭脂淡掃的形式。不過這個批次的拉桑塔比我想像的雪莉風味更強,濃重的雪莉桶風味是很好搭菜的,特別是避風塘的重口味料理,滿嘴的蒜香、肉香,加入威士忌的酒香,突出了淡淡的木質香,甜美怡人。

# 酒單

**13**

Glen Garioch Founder's Reserve
Single Malt Scotch Whisky

**格蘭蓋瑞典藏單一麥芽蘇格蘭威士忌**

· 搭配 ·

避風塘豬肋排、叉燒酥

格蘭蓋瑞酒廠的特色是有著全蘇格蘭最長的林恩臂，林恩臂的作用是讓蒸餾出來的酒蒸氣通過進入冷凝器中，因此林恩臂的長度或斜度決定了蒸氣收集的難易，也決定了所蒐集到的酒液風味。格蘭蓋瑞一直以來讓我覺得它有著蘇格蘭硬漢的氣味，帶著淡淡的高地泥煤炭氣味，有勁道的風格。像這樣強壯的威士忌很適合搭配口味重，帶點辛香料味道的食物。

---

**14**

Glenfiddich 15 Year Old Single Malt Scotch Whisky

**格蘭菲迪 15 年單一麥芽蘇格蘭威士忌**

· 搭配 ·

鴨粥、廣式烤鴨

格蘭菲迪把西班牙索雷拉系統的老滷陳年手法應用在 15 年這支酒，老滷的觀念非常迷人，就是取酒時，並不全部取完，留下部分酒液和下一批酒混合，是相當聰明將酒液均質化的作法。因為大三元用鴨湯熬出來的鴨粥口味甚濃，加入了避風塘酥炸的蒜末，一起入口，與格蘭菲迪 15 年互搭，竟然在口中出現了滿滿的麻油香氣，兩者的美味同時加乘。

### 15

## Highland Park 12 Year Old Single Malt Scotch Whisky
## 高原騎士 12 年單一麥芽蘇格蘭威士忌

· 搭配 ·

鴨粥、廣式烤鴨

來自蘇格蘭極北的歐克尼群島，有著神祕的巨石文化，住在那裏的人有著 1/3 的維京血統，傳說活在與龍共舞年代的人們，可以想像這塊島嶼做出來的威士忌會是多麼與眾不同。使用當地石楠花沉積的泥煤炭燻烤麥芽，讓威士忌同時具有花蜜香的優雅和煙燻味的豪邁。烤鴨脆皮的香氣，避風塘酥炸蒜末加入鴨粥的香氣，又細緻又爽脆，與高原騎士正合。

山海樓

一

# 當威士忌
# 遇上
# 台菜復興

# MOUNTAIN-N-SEAHOUSE

　　從年少時期就開始學習烹調台菜的行政主廚蔡瑞郎，已經有 30 年的資歷，是山海樓以台菜贏得米其林一星背後最大的功臣之一，這裡不只做台北最精彩的台菜，也完全落實了食物的安全性和產地履歷。以台菜文化復興爲職志的郎師說，在過去 80 年代的台菜，人們稱之爲「台菜海鮮」，而不是現在的「手路菜」，那時台灣經濟快速發展，所有餐廳都搶著賺錢，用最昂貴的海鮮食材拚翻桌率，沒有多餘的時間去做需要手工的台菜，所以失去了更早之前精細台菜文化的傳承，因此要復興台菜要找以前的老師傅，比酒家菜時期更早。

## 完美復刻 30 年代的飲食風華

　　從 1930 年日治時代大稻埕仕紳宴客往來的台菜餐廳尋找，當時有名的餐廳包含蓬萊閣、江山樓的老師傅們，到底還有誰還活在這個世上？！就算再遠，郎師與團隊都要不遠千里去求學老菜譜，後來找到了一位叫黃德興的老師傅，他從家裡的舊典籍中，翻出了一本昭和 6 年的菜單，是當時蓬萊閣的菜單，所以山海樓以此爲根本，希望做出復刻台灣 30 年代上流社會的飲食習慣，重現台菜最精華時期的風采。

山海樓的新址在仁愛路上，從一入門就能感受大宅邸的濃厚氛圍，VIP 包廂後面還有個讓文人雅士
交流的戶外庭院，種滿植栽綠意。

## 從器皿到料理，悉心保留台菜精神

對郎師而言，在 90 年代他開始學習台菜時，因為經濟起飛，那些因為過分費工
夫的精緻台菜沒人要做，而產生的斷層，必須要追本溯源，把這些僅存老師傅記
憶中珍貴的早期料理找回來。將當時台菜核心的氣味保留下來，用優化的器皿和
擺盤，以新時代的美感重新包裝，華麗面世。我最喜歡跟郎師談山海樓的傳承計
畫中，郎師兢兢業業跟著老師傅學，而學徒們努力跟著郎師學，每個人都不斷學
習，這家以傳承為中心思想的餐廳，打破傳統廚房的遊戲規則，廚房中的每一個
人都要一邊學習一邊動頭腦，同時傳承，同時創新，做的雖然都是老菜，但卻是
最新穎的學習型企業。

---

Info.

山海樓・台北市中正區仁愛路二段 94 號 | 02-2351-3345

WHISKY
&
FOOD PAIRING

( 手工台菜與威士忌的樂章 )

01

## 扁魚春捲

傳統台菜的宴席有 12 道菜，而扁魚春捲會放在第 5 或第 6 道，這是有意義的，原因是當時的政商名流相約吃飯，或是主人作東邀請朋友們一起來吃飯，宴席上或許不是每個人都認識彼此，餐廳會設定一個中場休息時間，就是上扁魚春捲的時候，禮貌上大家可以離席，去上洗手間，去抽根菸，或是認識一下別人，餐廳有一個後花園，就是進行這些社交行為的地方，然後再回來下半場。這道被設定為「中間的鹹點」在講究禮數的當時，是一個不言而喻的暗示。

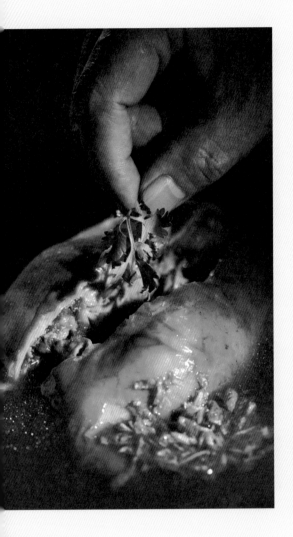

## 肚包雞

肚包雞是從「雞仔豬肚鱉」變化而來，不過現在飼養鱉有投藥的問題，山海樓對食品要求用最嚴格的自我審核，因此決定不使用鱉這個材料，於是變化出肚包雞。

這道菜要切許多的細小料，筍絲、香菇絲、海蔘，特別需要刀工，接著處理布袋雞，就是所謂的「去骨全雞」，像動手術一樣，骨頭要卸乾淨，包括去除腳骨頭和雞翅的骨頭，雞皮表面一丁點都不能破，這樣處理雞的手法，主廚郎師說是基本功，我聽起來就像是天方夜譚。

下一個動作是塞料，塞完料要把雞高溫油炸，讓雞皮上色，以及讓雞肉緊縮包緊內餡，所以之前處理雞皮時有破洞，馬上開花，餡料流出來的話整隻雞就報廢，只好從頭再來。如果雞沒問題了，這時候就可以進入下一個步驟，把整隻雞再塞入豬肚中，豬肚的孔很小，一整隻完成的雞2000公克，又大又飽滿，就像是女孩子生小孩一般，是艱難又充滿技巧的任務。

## 古早味炒米粉

在這個食品添加物氾濫的時代，我會避開大部分路邊小吃那香噴噴引人垂涎的炒米粉，因為我知道其中絕大多數都不是純米粉，而是添加相當比例的修飾澱粉，那些添加修飾澱粉的米粉，在翻炒時比較不會斷裂，吃起來 QQ 的，烹煮時也不會糊掉，卽使沒有烹飪的技巧，也能把米粉炒得像個樣子，又易於保存。添加修飾澱粉沒有食安的問題，只是不是我孩提時記憶的味道罷了。山海樓使用純米粉來料理，料理手法跟一般米粉不一樣。米粉先在冷水泡 15 分鐘，完全瀝乾備用，和泰雅族的段木香菇、澎湖的章魚乾與蔬菜一起炒軟化，加入雞高湯，調味，放入米粉，關火燜，不要過度拌炒，讓它收汁，最後上桌前再開大火增加鑊氣，灑烏醋，起鍋。

## 金銀燒豬三吃（脆皮、豬肋排、刈包）

30 年代蓬萊閣的台菜菜單上就有金銀燒豬，
一般人以為金銀燒豬是粵菜，然而台式的金
銀燒豬醃料不一樣。過去老師傅燒豬都要在
餐廳後花園以明火燒烤，現在用蒸烤箱就能
料理出一樣的效果，不管是顏色、風味、熟
度能做得一樣好，表面燒烤更均勻。

出爐時，整隻豬呈現金黃色，正是金，而刈包
的顏色表示銀，故名之。這道菜上菜時準備了
好幾種沾醬，其中一種是蜂蜜芥末醬，第一次
來山海樓的人，吃到這道料理都會訝異於這麼
洋派的醬料怎麼會跟 30 年代的台菜掛上關係？
30 年代的大稻埕是很國際化的，坊間的舶來
品中就有蜂蜜芥末醬，對當時來說是很高級的
味道，所以就在這道大菜中，加入這個高級沾
醬。除了法式蜂蜜芥末醬的元素，還有日式的
昆布鹽，還有台式五味醬，還有閩式用蒜頭泡
狀元紅的沾醬，透過食物充分展現了當時大稻
埕人們生活中的文化融合。

# 酒單

## 01

**Kavalan Solist Port Cask Single Malt Taiwanese Whisky**

### 噶瑪蘭經典獨奏波特桶單一麥芽台灣威士忌

· 搭配 ·

扁魚春捲、金銀燒豬之豬肋排

原來想著「地酒配地菜」，台灣威士忌一定比較配台菜，但是搭起來不一定每道菜都合，原因是菜色千變萬化，食材天上地下，口味有濃有淡，而台灣生產的威士忌因為氣候炎熱而造成的快速熟成，從橡木桶中萃取的味道較多較快，幾乎都擁有較為馥郁飽滿的味道，所以搭輕淡的菜色容易將食物的氣味壓過去。扁魚春捲小小一條卻有著強大的魚味，出乎意料的相合，甜美的波特桶熟成與食物的搭配上也有著不錯的表現。

## 02

**Royal Salute 21 Year Old Blended Malt Scotch Whisky**

### 皇家禮炮 21 年調和麥芽威士忌

· 搭配 ·

扁魚春捲、金銀燒豬之刈包

不知為何，當皇家禮炮調和麥芽威士忌入口那一瞬間，嘴裡泛起了茶香，好似在茶園中，泡著茶，吃著現炸好的春捲，香氣四溢。這幾年的皇家禮炮華麗轉身，更加精采迷人，愛馬仕的調香師與首席調酒師共同的創作，讓酒的層次更豐富，或許是因為這些年皇家禮炮的市場轉變，一部分從應酬酒跳出來，接觸到較多追求品味的大眾消費者，人們的需求不同，酒質的美感也跟著轉變。與食物的搭配也讓人驚豔。

### 03

Aberfeldy21 Year Old Single Malt Scotch Whisky

### 艾柏迪 21 年單一麥芽蘇格蘭威士忌

· 搭配 ·

扁魚春捲、金銀燒豬之脆皮

艾柏迪威士忌獨有石楠蜜香的高地泥煤炭氣味，在 21 年這支酒表現得格外清楚，甜蜜而溫潤的感受，搭配爽脆的春捲皮，口中帶來一股清涼的感受，10 幾年前我第一次接觸艾柏迪時，就很喜歡它相當有個性的氣味，不是市場流行普遍相同軟軟甜甜口感的威士忌，不過當時它這麼有個性的氣味，對一般消費者來說太強烈了，如今回頭看市場口味的演變，現在正是這樣清楚而有獨特個性好味道當道的時代，期待有更多人認識它。

### 04

### 雅柏 Ardbeg single malt 10 年蘇格蘭單一麥芽威士忌

· 搭配 ·

古早味炒米粉、金銀燒豬之脆皮

前一陣子家庭的復古電影之夜，把自己過去喜歡的老電影翻出來分享給年輕的家庭成員們，老婆選了《驅魔神探－康斯坦汀》，其中有一幕康斯坦汀和女主角見面時，拿出了一瓶威士忌，我馬上大叫那是雅柏 10 年，那辨識度極高的綠色瓶身，見過一眼就忘不了。同樣的它如重量級拳手般的海水風格泥煤炭味，如同把一整瓶正露丸倒進威士忌中狂暴的氣味，也讓人忘不了，而古早味炒米粉當中有魷魚乾和蝦乾，彷彿被濃縮了的海味，海味拚海味，孰勝孰敗？

## STEVEN 的

# 酒 單

### 05

**Woodford Reserve Double Oak Bourbon Whiskey**

## 渥福精醇雙桶美國波本威士忌

·搭配·
古早味炒米粉、金銀燒豬之脆皮

當我們以為美國威士忌的全新橡木桶氣味已經夠重了，渥福還覺得不夠重，這瓶雙桶就是做兩次全新橡木桶的熟成，美國的橡木桶著墨在炙燒，歐洲的橡木桶著墨在烘烤，這瓶渥福原來陳年在正常的全新美國白橡木桶當中，後來再換桶到加重烘烤而減輕炙燒的另一個新桶當中後熟，烘烤的紅外線會深入橡木把其中的糖分焦糖化，讓這支酒多了一股甜美的焦糖氣味。燒豬焦脆的皮，炒米粉起鍋時的大鑊香都與之相呼應。

### 06

**Glen Garioch12 Year Old Single Malt Scotch Whisky**

## 格蘭蓋瑞 12 年單一麥芽蘇格蘭威士忌

·搭配·
古早味炒米粉、金銀燒豬之脆皮

初學者喜歡喝細緻果香風味的威士忌，喝起來滑順又不辣口，很適合找斯貝區的威士忌來喝。當你喝了一段時間，喝過了不少品牌和酒廠的威士忌，就會開始想找一些特別的、喝起來不一樣的、有獨特個性的威士忌，但是或許你不喜歡海島威士忌的消毒水味，這時候，高地區的威士忌就是非常適合你的選擇，而且高地區每家酒廠的各有風格特色，探索起來更有趣。而格蘭蓋瑞就是非試不可的奇葩，更像蘇格蘭高地人男子漢的氣味，喜愛軟弱無力者切莫靠近。就是這股男子漢的氣味跟中式炒菜的鑊氣像是親兄弟。

## 07

### Glenfiddich 21 Year Old Single Malt Scotch Whisky
### 格蘭菲迪 21 年單一麥芽蘇格蘭威士忌

· 搭配 ·

金銀燒豬之豬肋排、扁魚春捲

我通常會幫自己準備格蘭菲迪 21 年居家搭配古巴雪茄用，使用蘭姆酒桶後熟的 21 年，其中帶有熱帶風情的氣味，讓溫帶緩慢熟成的蘇格蘭威士忌風味，像是聽到了搖擺的爵士樂，冷靜不了。我把豬肋排沾上由狀元紅和大蒜製成的醬汁，搭上 21 年，入口後不由得火熱了起來。

---

## 08

### 林克伍德 Linkwood Gordon & Macphail single malt 15 年
### 高登麥克菲爾蘇格蘭單一麥芽威士忌

· 搭配 ·

金銀燒豬之豬肋排、肚包雞

山海樓準備了好幾個獨門醬汁讓我沾豬肋排來使用，我試了稱之為「五味醬」的台式醬汁，而讓人懷舊的蜂蜜芥末醬，試起來也讓人驚喜，喝了一口林克伍德，好像在烤肋排上刷上一層焦糖烤肉醬，讓肉汁味道變得濃郁鮮甜。山海樓把肚包雞做成了羹湯，淋一點威士忌在羹湯之中，肚包雞就成了燒酒雞。

# 酒 單

### 09

#### Auchentoshan 18 Year Old Single Malt Scotch Whisky
#### 歐肯 18 年單一麥芽蘇格蘭威士忌

· 搭配 ·
金銀燒豬之刈包、肚包雞

這支歐肯 18 年聞起來有杏仁以及綠茶的香氣，很特別，有些威士忌讓人感覺很濃郁，而這支威士忌感覺到更多的是清幽的涼意。歐肯是全蘇格蘭剩下最後一家 100% 從事三次蒸餾的威士忌酒廠，是誰保留下來的？歐肯屬於莫里森波摩集團，而莫里森波摩集團 100% 為日本三得利所擁有，所以這麼難得的三次蒸餾製程，是日本人幫蘇格蘭人保留下來的。18 年淡雅的香氣恰恰好融入了刈包麵皮的香氣之中。

### 10

#### The Yamazaki Distiller's Reserve Single Malt Japanese Whisky
#### 山崎單一麥芽日本威士忌

· 搭配 ·
金銀燒豬之刈包、肚包雞

刈包的麵皮不適合用太重的威士忌來搭配，於是我想到用日本威士忌試試看，卻沒有想到冒出了更多迷人的水果香氣和奶香味。以前我常帶著日本威士忌搭台菜中菜，順理成章的契合，怎麼想得到會市場丕變，一朝麻雀變鳳凰，以前它還需要被努力推廣，看人眼色，現在卻成了一瓶難求、水漲船高的逸品，這件事情教會我們一件事，不要瞧不起鄰居不起眼的小孩，就算你不投資他，也不要對他落井下石，未來尷尬的一定是自己。

南村私廚 · 小酒棧

—

# 當威士忌
# 遇上
# 眷村滋味

眷村菜是台灣這塊土地獨特的菜色，因為海峽兩岸的政治關係，讓眷村這個獨特的文化，聚集了來自中國大陸四面八方各個省份的中華料理菜色，在這種特殊的時空背景下，原來大異其趣的各省份飲食文化，相互交流、彼此融合而衍生出的眷村菜，已經跟原鄉的味道不一樣了。更多的是鄉愁，用著當時物資匱乏時代所能取用到的在地食材，做出看似簡樸，卻是融合了八大菜系，用思鄉情懷拼湊出記憶的味道。

我們一直以為川味牛肉麵是來自四川的味道，其實四川沒有這樣口味的牛肉麵，牛肉麵是高雄道地的眷村菜。還有遍布全台每家小吃店都有的滷味，滷味也是眷村菜，不管是白滷水還是加了醬油色的鹹香滷味，海帶、豆干、蘿蔔、竹筍、大腸、豬耳朵，外地人一進門，坐上桌，來碗麵，切兩小盤滷味，像是個通關儀式般，到台灣哪個角落都能走透透。

## 不只家常，亦有新風貌的眷味菜色

南村小吃店的老闆是台北四四南村的眷村第三代，是留過洋的眷村子弟，所以他們不只保留了原來眷村菜平易近人又溫暖的菜色，像是清蒸臭豆腐、刈包，同時為了符合這個相對富足時代的精神，還把一些比較洋味的高檔食材運用進了菜色當中，像是美國的肋眼牛排，讓原來發展在這塊土地上的眷村菜，跟著時代的改變，有了新風貌。

---

**Info.**
南村私廚 小酒棧・台北市大安區忠孝東路四段 216 巷 33 弄 10 號│ 02-2711-7272

WHISKY
&
FOOD PAIRING

( 眷村味兒與威士忌的樂章 )

01

### 塔香香腸

台式香腸做的好已經很迷人了，主廚
特製的塔香香腸，使用來自花蓮的黑
豬肉加上很有台味的九層塔，吃出滿
嘴豬肉的新鮮原味，和熟悉的九層塔
香，再搭蒜片和蒜苗，一口蒜一口香
腸，這樣讓人懷鄉的美食，用來搭配
威士忌簡直是下酒聖品。

02

## 清蒸臭豆腐

上海式的清蒸臭豆腐，加入毛豆和碎肉，吃起來微微辣，看起來簡單的豆腐，卻是餐廳的自信之作，服務人員會一直提醒，這道菜請趁熱吃，因爲它每分每秒都變化著，熱熱的吃最好，最好是剛上桌還燙嘴的時候最好吃。臭豆腐十分軟嫩入味，是請熟識的專人製作的，所謂食物的美味，並不需要濃妝豔抹，僅僅食材好，簡單的料理，並遵照正確的溫度來吃它，又濃又香，滿嘴生津。

## 毛澤東紅燒肉與珍珠刈包

這家餐廳來了幾次，沒有看到哪一桌不點這道菜的，算是招牌菜。使用深坑的黑豬肉，
一天只宰殺一頭豬，配送過來的量，賣完就沒有了。紅燒肉看起來醬色黑紅的發亮，
問了才知道他們沒有用醬油去滷，是主廚用二砂炒出來的醬色，紅燒湯汁收得很乾，
不會湯湯水水，一口咬下去，即使帶著豬皮肥肉的部分都相當 Q 彈，配上珍珠刈包
夾著吃，很有味道。

四四南村是台北最早的眷村，在現在的台北 101 大樓對面，當年是爲了安置從青島遷
台四四兵工廠的員工和眷屬所建，後來兵工廠遷走，都市重劃，物是人非。珍珠刈包
上印著 44 SV，早期眷村媽媽去兵工廠工作，上面就是工廠的代號。

# 04

## 河南蒸麵

這是河南傳統的麵食，在台灣不太容易見到，算是四四南村的特色菜，挺耗時費工的，基本上它用生麵蒸了 40 分鐘，蒸的方法很特別，先在鐵鍋裡加入豬肉，再加入豆芽和豆角炒熟，作為底料，再將陽春細麵放進鐵鍋去燜，用麵和炒料自己本身的水分來蒸熟麵，蒸時加了三次的醬色和調味，師傅要十分注意它的火候，翻炒拌在一起。吃起來一點也不油膩，帶點焦香味，如此蒸出來的麵條麵體緊實，入口彈牙，相當美味的主食。還有別忘了，喜歡吃辣的人要跟店裡要特製的辣椒醬，跟麵拌在一起，絕了！

# STEVEN 的

# 酒 單

## 01

### Macallan 12 Year Old Single Malt Scotch Whisky

### 麥卡倫 12 年單一麥芽蘇格蘭威士忌

· 搭配 ·

塔香香腸、毛澤東紅燒肉

麥卡倫這家酒廠最爲人所稱道的就是絕佳的橡木桶管理，以雪莉桶著稱的它們，將雪莉桶分門別類管理，分新舊、分桶材、分桶廠、分尺寸，讓因爲陳酒條件不同所造就的風味差異，成爲首席酒師調配的豐富美麗。雪莉桶和香腸的搭配，讓威士忌口感更爲滑順，肉汁滿溢在口中。

## 02

### Maker's 46  Bourbon Whiskey

### 美格 46 美國波本威士忌

· 搭配 ·

塔香香腸、毛澤東紅燒肉

這支美格 46 是酒廠相當大膽的嘗試，他們在陳年的工序中做了後熟，它們的後熟不是一般風味桶的換桶熟成，而是將炙燒過的法國橡木條放入威士忌當中做風味的強化，品飲時有更多香草、奶油和蜂蜜的味道，46 這個數字的來源是首席調酒師在進行這個實驗性的作品時，找到編號第 46 的配方最爲迷人可口，故名之。波本威士忌濃郁的香氣搭濃郁氣味的食物相當合，用來配香腸的蒜頭、蒜片多夾幾片放入口中搭酒更棒。

### 03

Laphroaig Select Single Malt Scotch Whisky

## 拉佛格特選單一麥芽蘇格蘭威士忌

· 搭配 ·

塔香香腸、清蒸臭豆腐

這支威士忌有相當複雜的氣味，首席調酒師融合了拉佛格著名的 1/4 桶、PX 雪莉桶，使用傳統歐洲橡木來陳年之外，還使用了蘇格蘭較少使用的全新美國橡木桶做最後一道工序的熟成，與過去拉佛格絕大多數以波本桶熟成出清淡的酒色、強壯而直接的泥煤風味比較起來，這支酒有相對深邃而複雜的顏色和氣味，泥煤味的表現亦相對柔和。對於臭豆腐這樣號稱是豆腐界的泥煤威士忌，有機會怎麼能不拿來搭搭看呢？

### 04

Mortlach 12 Year Old Single Malt Scotch Whisky

## 慕赫 12 年單一麥芽蘇格蘭威士忌

· 搭配 ·

毛澤東紅燒肉、河南蒸麵

慕赫 12 年威士忌在瓶身上標示著 The Wee Witchie 意思是小女巫，這家有著特殊蒸餾系統的酒廠，用 6 只蒸餾器做不成對的配置，其中有一只尺寸最小的蒸餾器做了極特殊的 4 次蒸餾，幫慕赫的透明新酒蒸出了「肉味」，而那只蒸餾器就暱稱為小女巫蒸餾器，因此這瓶 12 年主要就是設定它能凸顯出小女巫所造成威士忌的特殊肉質感，吃紅燒肉時，我馬上想到用這支酒來搭配，實在太合了，甚至在口中出現了迷人的果香。

# STEVEN 的 酒單

## 05

### OMAR Peated Single Malt Taiwanese Whisky
### OMAR 泥煤單一麥芽台灣威士忌

· 搭配 ·

毛澤東紅燒肉、塔香香腸

台灣南投酒廠使用了來自蘇格蘭的泥煤麥芽，製作出像是蘇格蘭那塊土地的泥煤炭風味威士忌。研究威士忌的人都應該喝喝看，台灣這塊土地快速熟成的風土條件，會給泥煤風味造成什麼樣的影響？我個人覺得南投酒廠這支威士忌的泥煤味變得不那麼強勁而直接，反而妝點了更多橙橘類的果香，搭配食物更顯溫潤，食物中的油脂感與威士忌其中的油脂感也有相當良好的對應。

## 06

### Kavalan Solist Port Cask Single Malt Taiwanese Whisky
### 噶瑪蘭經典獨奏波特桶單一麥芽台灣威士忌

· 搭配 ·

毛澤東紅燒肉、塔香香腸

什麼是道地的台灣風味？當台灣威士忌的製作使用進口的麥芽，國外的設備和技術，來自美洲和歐洲的橡木桶，以工程理性的邏輯來看，它應該做出外國的月亮，可是我卻在這支酒裡聞到了李仔鹹、煙燻烏梅、仙楂、洛神花等等相當在地的味道。這就是威士忌世界有趣的地方。食物也是一樣，來到了一塊新的土地，它的氣味也是會入境隨俗的。文化是越融合越精彩，不是切割。

### 07

Craigellachie 13 Year Old Single Malt Scotch Whisky
**魁列奇 13 年單一麥芽蘇格蘭威士忌**

· 搭配 ·

毛澤東紅燒肉、清蒸臭豆腐

這是一支很有特色的威士忌，魁列奇酒廠仍然保留著老式的蟲桶冷凝系統，而傳統的蟲桶冷凝系統會給新蒸餾出來的威士忌新酒帶來硫味，這些硫味會在橡木桶陳年的過程變化出複雜的氣味，所以這樣的威士忌喝起來酒體厚實，口感飽和。臭豆腐發酵的氣味，以及紅燒肉多元的層次，都很適合魁列奇這麼強壯的氣味來搭配。

### 08

Glen Grant 10Year Old Single Malt Scotch Whisky
**格蘭冠 10 年單一麥芽蘇格蘭威士忌**

· 搭配 ·

清蒸臭豆腐、河南蒸麵

格蘭冠是威士忌清爽風味中的名酒，在蒸餾的過程中，格蘭冠在初餾機和再餾機的林恩臂上都加裝了淨化器，做出極其細緻、優雅的風味，常常帶著花蜜香、香草，以及水梨、水蜜桃般乾淨清爽而美好的風味。我拿格蘭冠來搭配食物時，由於它的氣味不會強出頭，在以食物為主的角色扮演中，稱職扮演化妝師的角色，適當地增加餐酒搭美好的香氣。

STEVEN 的

# 酒 單

## 09

### The Balvenie Doublewood 12 Years Old Single Malt Scotch Whisky

### 百富雙桶 12 年單一麥芽蘇格蘭威士忌

· 搭配 ·

清蒸臭豆腐、河南蒸麵

百富的首席調酒師大衛史都華先生是一位 70 幾歲的紳士，在業界已有 50 幾年的歷史，他也是最早透過這支酒創建了蘇格蘭風味桶的技法，他對威士忌產業的貢獻，前幾年英女王伊莉莎白二世特別頒發了國家勳章給他，百富威士忌的特色總是有著那迷人的蜜糖香和花果香，12 年這支也不例外。細緻的百富搭臭豆腐格外地香甜，不會去和個性強烈的它搶戲，善盡君臣之道。

## 10

### Shackleton Blended Malt Scotch Whisky

### 夏克頓調和麥芽蘇格蘭威士忌

· 搭配 ·

河南蒸麵、塔香香腸

夏克頓這支威士忌有著最美麗的故事，2010 年考古學家在冰封的南極發現了一箱高地威士忌，是百年前探險家夏克頓帶領了 27 人團隊搭乘堅忍號前往南極探險所留下來的，然而，那一次的探險是失敗的，詭譎多變的氣候讓他們被迫棄船，經過 700 多天的冰上漂流，終於 27 人全都得救，這次被譽為最成功的失敗探險，人都救回來了，而為了慶祝時帶去的威士忌，卻留在南極了。天才調酒師理察派特森用復刻的精神將百年前的氣味重新調配出來，正是這支威士忌的由來。這樣老派的威士忌風味，多半溫柔細緻，搭配食物不會搶了食物的風采，恰如其份。

**11**

Singleton Glen Ord 15 Year Old Single Malt Scotch Whisky

蘇格登 Glen Ord15 年單一麥芽蘇格蘭威士忌

· 搭配 ·

河南蒸麵、清蒸臭豆腐

格蘭歐德這家酒廠最讓人津津樂道的，就是它使用長時間發酵和緩慢蒸餾來創作出迷人的水果香，特別是蘇格登 15 年這支酒，每每都能從其中嗅聞到哈密瓜的香氣，這樣的瓜果香在以穀類作爲原料，僅僅透過蒸餾和橡木桶熟成，就能產生出如此令人愉悅的氣味，正是威士忌的時間魔法。這支酒的麥芽香氣搭配用生麵乾蒸出來滿滿麵香的河南蒸麵，又多了一股焦糖香，而威士忌中的水果味好像在嘴裡放了繽紛的水果軟糖，十分甜美。

老譚香川味兒

一

當威士忌
遇上
道地麻辣香

老譚香川味兒的老闆小時候住眷村，不折不扣是眷村第二代，1980 年代陪著父親回四川探親，也跟著父親重溫了血液裡傳承下來那又麻又辣的味道，說起話來斯文，個性卻十分豪爽，而重慶的江湖菜正好就對上了他的氣味。前一陣子我受到邀請前往重慶參觀酒廠，恰好與當地人談起了所謂的「江湖菜」，稍微研究了一下。當時，我正好站在長江邊上，遠眺著長江奔流，遙想著過去帆檣如林、舟楫如鯽的時代，那時在江湖中打滾求生存的苦力，為了討生活，對食材，對料理手段，不拘一格，吃起來相對重口味，反而走出了一條有地方飲食文化底蘊的路子，正統的川菜比較經典，而江湖菜比較創新，隨著環境的發展，慢慢的也把重慶其他周邊市鎮的特色菜融合並且納進來，形成今日人們定義的江湖菜。

老闆娘談到川菜和重慶江湖菜的差別，江湖菜的特色就是辛香料味道下的特別重，川菜相對溫潤秀氣，不管是小家碧玉還是大家閨秀，辣味的取捨都讓人覺得潑辣中彷彿柔情似水；而重慶江湖菜就是大刺刺的，不管三七二十一，像江湖人士，辣椒大把的下，你看到辣子雞，就是看不到雞肉，只看到大把大把的辣椒塞滿整個盤子。

## 成都川菜與重慶江湖菜的飲食故事

　　如果我們真的要仔細區分成都川菜和重慶江湖菜的分別，可以這麼說，經典的川菜沒有我們想像的那麼辣，它比較像是國畫中的工筆仕女圖，而豪放的江湖菜像是不受拘束的潑墨山水，想多辣就可以多辣，一位系出名門，一位源自市井，我曾經看過一部影片介紹川菜，打破了我們過去既定的印象，真正的川菜不是麻辣，辣味佔不到川菜菜譜的 1/3，絕大多數經典的川菜都不辣，是多層次的複合氣味，就像是四川名菜－開水白菜一樣，味濃水清的雞湯，看起來如開水一樣，其實裡面下了許多功夫，經典的川菜叫做「一菜一格」，百菜百味。而我們近年來對川菜的理解，比較像是重慶的江湖菜，無辣不歡、信手拈來，無不麻辣鮮香。

　　川味兒為了傳遞忠實的江湖菜美味，在台北的餐廳特別邀請遠在老家的堂弟來擔任廚師長，為了讓食物氣味也一樣的道地，花椒、辣椒以及許多的辛香料，都不遠千里的從重慶運過來，連麻辣鍋都起用了重慶老火鍋道地的九宮格。我上次拜訪重慶時，特別找了當地火鍋的名店大快朵頤一番，至今仍懷念不已。在台北如果想要重溫道地的重慶老火鍋，我想目前也只有這一家老罈香川味兒可以解解饞了。

---

**Info.**

老罈香川味兒‧台北市松山區民生東路三段 130 巷 5 弄 4 號｜02-2545-0769

WHISKY
&
FOOD PAIRING

( 重慶江湖菜與威士忌的樂章 )

### 夫妻肺片

清末時期，成都的街頭巷尾就有許多小販，將成本低廉的牛雜碎邊角料（俗稱「廢片」）佐以醬油、紅油、辣椒、花椒，全拿來賣，這樣價廉味美的廢片，就是夫妻肺片的雛型。在1930年代有一對夫妻賣的廢片特別講究，麻辣鮮香，好吃極了，當時的文人雅士也聞名而至，文人覺得廢這個字不美，於是改成肺，於是這對夫妻的廢片，就成了夫妻肺片，裡面的牛雜完全跟牛肺沒有關係。老罈香川味兒的夫妻肺片依照傳統，有牛腱，牛舌，牛心，牛肚，牛筋，全都是牛的邊角料，不過老闆特別叫我夾了其中一塊牛雜來吃，那塊吃起來特別的爽脆，他說是牛頭皮，特別請人宰牛時留下來的，一般的店家不會有這塊牛雜碎，是口感豐富好吃、內行人才知的秘方。

# 02

## 水煮牛肉

水煮牛肉是自貢菜，自貢區是生產井鹽的地方，那裡牛隻要負責運輸，以及生產鹽巴的勞役，又稱「役牛」。役牛老了退休，沒有什麼經濟價值，產鹽的工人們就把役牛殺來吃，剛開始用水煮，味道不夠，為了更好吃，開始在水裡加鹽加花椒，這就是最早的「水煮牛」。隨著時間的改變，也加入了辣椒，也使用勾芡將牛肉變得嫩滑，並在鍋底放上當地的蔬菜，像是白菜，筍尖，越改越好吃，後來水煮的形式大受歡迎，也有了水煮魚、水煮羊，可以自由對應不同食材。現代吃的水煮牛肉的辛香料用油淋爆香，肉質滑嫩，白菜跟豆芽鋪底，辣而不燥、麻而不烈，光聞就讓人食指大動，是冬季暖身的美食佳餚。

03

## 重慶老火鍋

我們常見的麻辣鍋，最早叫做「毛肚鍋」，緣起於碼頭文化，縴夫常年在水裡工作，上岸要多吃辣去除寒氣，也要多吃點肉補充體力，可是那時候的苦力怎麼有錢買肉來吃呢，他們就撿富人不要的動物內臟，雖然廉價，一樣是補充蛋白質。他們將牛肚放進又麻又辣的鍋裡烹煮，同時達到去寒的目的。火鍋慢慢在碼頭邊流行了起來，一個人吃不起一整鍋，必須與別人共鍋，於是鍋子裡分成了九宮格，不管早來或是晚到，認自己格子裡的食物就不會吃錯，不過，現在的九宮格不是像以前一樣分你我，九個格子的溫度有所差別，鍋子的中間最熱，一些不需要長時間烹煮的食物，就放在中間快燙，毛肚的標準是「七上八下」，燙上七秒鐘，保持爽脆口感。鴨血反之，需要時間慢慢泡熟，火太大滾久了會變老變柴，不能放在中間，要放在最角落煮。九宮格的每個位子適合燙煮不同食材。鍋裡的油也很重要，道地的重慶老火鍋需要自己調配多種不同的辣椒，去炒、再熬，產生複合性的味道，除了有自己獨到的氣味，煮起來才會又香又有層次呢。

## 藤椒雞

藤椒是青色的，花椒是棕色的，藤椒辣而花椒麻，藤椒有特有的清香風味。這道也是屬於自貢菜，除了主角雞肉，還埋伏了爽脆的蓮藕，我猜了幾次都沒猜到，搭配起來真棒。由於這裡的食物都太適合搭威士忌了，我問了老闆娘，客人有常帶不同的威士忌來喝嗎？結果她跟我分享了威士忌市場的田野調查。她說店剛開的時候，大部分的人都帶麥卡倫來喝，後來流行起了蘇格登，前兩三年大家喝的都是百富，這一年大摩成了主流。我想酒商的市場調查人員要趕緊來跟老闆娘做做好朋友。

## 牙籤羊肉

這道是川北菜，有著北方孜然的氣味，老闆用澳洲羊肋條純手工的製作，做工繁複，首先將肉切成小塊，先醃漬再串，油炸完再炒，炒完端上來時香氣逼人，這等菜色，會讓人肚子裡的酒蟲禁不住癢起來，下酒肯定一絕。我不小心問了老闆娘，為什麼這道菜要串牙籤？她開玩笑的說，千萬別以為吃完好拿來剔牙。事實上，把肉串上牙籤，可以有效防止羊肉不變形，保持形狀立體，在炒製辛香料時，除了吃起來外酥內嫩，讓花椒和辣椒更能入味三分。

# 酒單

## 01

### Glenmorangie Original 10 Year Old
### Single Malt Scotch Whisky

**格蘭傑 Original 10 年單一麥芽蘇格蘭威士忌**

· 搭配 ·

夫妻肺片、藤椒雞

格蘭傑 10 年肯定是居家常備的基本款，它代表著以全蘇格蘭最高的蒸餾器型式，有沸騰球的蒸氣迴流，做出極端細緻的透明新酒，加上相對蘇格蘭其他酒廠，少數使用硬水的水源，以波本橡木桶陳年出花果香、香草冰淇淋、奶油爆米花為主基調的威士忌，像是最佳年輕波本桶陳年的樣板。我把老闆介紹一定要吃的牛頭皮夾起來吃，上面還沾著花生粒，入口跟格蘭傑 10 年超合。

## 02

### Bowmore 12 Year Old Single Malt Scotch Whisky

**波摩 12 年單一麥芽蘇格蘭威士忌**

· 搭配 ·

夫妻肺片、藤椒雞

這支滿滿雪莉風味的泥煤炭威士忌，聞起來竟然有滿手新剝的橘子皮氣味，這股味道還把狂放的雪莉風味和泥煤味壓過去，太有趣了，配椒麻氣味的食物讓食物的肉質都變鮮甜，簡直天作之合，連其中小黃瓜的配菜，都冒出了青草香，帶著煙燻味的泥煤威士忌雖然個性強烈，但是比我想像中的與食物更容易交歡。

# 酒 單

## 03

### Naked Grouse Blended Malt Scotch Whisky
### 裸雀調和麥芽蘇格蘭威士忌

· 搭配 ·
夫妻肺片、藤椒雞

使用初次雪莉桶的裸雀對消費者相當有吸引力，與麥卡倫同屬一個集團，用的是同樣精心潤桶的雪莉桶，而初次雪莉桶的麥卡倫紫鑽因為一瓶難求，在市面上價格水漲船高，而裸雀打著 100% 以初次雪莉桶二次熟成三年所造就的重雪莉桶風味，有飽滿的巧克力、葡萄乾、以及辛香料的尾韻，喝起來又柔順可口，搭起椒麻的風味絲毫不含糊，相當好。

## 04

### Talisker 10 Year Old Single Malt Scotch Whisky
### 泰斯卡 10 年單一麥芽蘇格蘭威士忌

· 搭配 ·
水煮牛肉、重慶老火鍋

吃辣的人最喜歡跟別人分享生命中追求辣味的經驗，樂此不疲，同樣的喝泥煤味威士忌的人也是樂於彼此分享，沒想到辣味和泥煤味不只同樣讓人樂於分享，它們味道也彼此相合。泰斯卡酒廠用特殊的 U 型林恩臂和蟲桶冷凝製作出帶有胡椒味的泥煤風格威士忌，加上它有蘇格蘭西北角斯凱島上行船人的豪邁風格，應該會跟豪爽辣味的江湖菜相合，只是沒有想到這一口牛肉，一口酒，會讓牛肉變得如此鮮甜，太棒了。

# 酒 單

## 05
### Maker´s Mark Bourbon Whiskey
### 美格美國波本威士忌

· 搭配 ·
水煮牛肉、牙籤羊肉

和一般美國波本威士忌不同的是，除了玉米爲主要原料，美格以軟紅冬小麥取代裸麥，製作出相對柔順細緻的口感，加上醒目的紅色手工蠟封瓶蓋，是一支辨識度很高的波本威士忌。它與軟嫩的水煮牛肉搭配，在口中激起一陣陣奶油爆米花香氣的漣漪，厚實的木質調用來搭配牙籤羊肉的孜然味，也是一絕。

## 06
### Prime Blue Blended Scotch Whisky
### 紳藍調和式蘇格蘭威士忌

· 搭配 ·
水煮牛肉、夫妻肺片

老闆敎我吃水煮牛肉要吃「第一道滾油淋下來的地方最好」，牛肉最爲細滑柔嫩可口，我依照他說的佐著威士忌將美味送入口中，老闆娘也分享著他們夫妻兩人爲了研究道地的自貢菜，多次出入四川，深入鑽研每道菜在當地文化中發展的歷史，所以我們一整桌都是四川經。我倒了杯酒給老闆，他喝了一口說：「這什麼酒？香甜又順口。」我只好也分享起自己的威士忌經。我說：「單一麥芽威士忌比較有個性，不過，常常在飯桌上搭餐的場合，調和麥芽威士忌更容易和食物交朋友。」

# STEVEN 的

## 酒單

### 07

**Bruichladdich Port Charlotte 10 Year Old Single Malt Scotch Whisky**

**布萊迪波夏 10 年單一麥芽蘇格蘭威士忌**

· 搭配 ·

牙籤羊肉、重慶老火鍋

羊肉料理是川北菜的手段，比椒麻的辣味多了股孜然味，炸完再炒的羊肉十分入味，十足的下酒菜，嘴裡的肉爽脆多汁，羊肉的氣味跟波夏 10 年的泥煤煙燻味和彷彿海中新鮮生蠔的氣味相比也算不上腥騷，一起搭配反讓羊肉變甘甜了，還帶點青草香和水果味。這次以麻辣爲風格的川味，搭上重度泥煤炭味，無有不合。

---

### 08

**OMAR Sherry Type Single Malt Taiwanese Whisky**

**OMAR 雪莉果乾單一麥芽台灣威士忌**

· 搭配 ·

牙籤羊肉、重慶老火鍋

很期待台灣本土的威士忌餐酒搭的傑出表現，這塊土地較爲炎熱的氣候所造就的快速熟成，讓熟成的速率加快，有早熟的氣味。早熟的威士忌香氣更奔放，不過常常被一些不太能適應高酒精度的初學者覺得酒精感較蘇格蘭威士忌重，不過在搭餐的領域這很好解決，將威士忌加入冰塊中，冰鎮的威士忌可以收斂酒精感，也適合拿來鎮定被麻辣轟炸的舌頭。OMAR 雪莉果乾在搭配肉類時帶出了奶香，也讓口感更加豐富飽滿。

## 09

### Glenlivet 15 Year Old Single Malt Scotch Whisky

### 格蘭利威 15 年單一麥芽蘇格蘭威士忌

· 搭配 ·

牙籤羊肉、重慶老火鍋

第一次在蘇格蘭桶邊試飲純正 100% 雪莉桶的格蘭利威，就驚豔於它的表現，這些年難得一見的格蘭利威雪莉桶，接二連三出籠，大受市場好評，這支格蘭利威雪莉桶 15 年不只使用了高比例的首次裝填雪莉桶，用來調配出極重的雪莉桶風格，還是台灣限定版，針對台灣人的喜好所發行的。純喝起來有點木質調的苦澀和強烈的咖啡氣味，不過搭食物起來，一點都沒有問題，濃濃的奶香、圓潤滑順，很適合搭重口味的食物。

## 10

### Singleton Glen Ord Sherry Cask Finish 12 Year Old Single Malt Scotch Whisky

### 蘇格登 Glen Ord 雪莉風味桶 12 年單一麥芽蘇格蘭威士忌

· 搭配 ·

藤椒雞、夫妻肺片

嗯～黑棗和薑汁，蘋果和肉桂，我形容的不是甜點或是食物，而是這支用了 3 種橡木桶所熟成出來的雪莉風味蘇格登威士忌，正如同蘇格登這個品牌所強調的平衡，這支多過了一次雪莉桶的特殊版本也表現得相當平衡。藤椒雞的椒麻味非常的重，滿盤的青紅辣椒和青紅花椒，香氣爆棚，在這麼狂暴的椒麻香之下，蘇格登還是穩若泰山，依然故我的平衡，優游在這道菜的氣味之中。

## 11

### Royal Salute 21 Year Old Blended Malt Scotch Whisky
### 皇家禮炮 21 年調和麥芽威士忌

· 搭配 ·
藤椒雞、重慶老火鍋

由於皇家禮炮的酒液至少陳年 21 年的關係，加上請了曾與愛馬仕合作的調香師與首席調酒師一起共同創作了新版本，香氣大爆發，濃郁而優雅的香水味，入口飽滿細緻而高雅，美好而成熟的氣味。我特別喜歡藤椒雞中的蓮藕，在一片椒麻辣香的驚滔駭浪之中，皇家禮炮的優雅被蓮藕的氣味牽引著，像一扁小舟，自信的浮沉在味蕾的海洋，毫不失色。

## 12

### Glenfarclas 17 Years Old Single Malt Scotch Whisky
### 格蘭花格 17 年單一麥芽蘇格蘭威士忌

· 搭配 ·
藤椒雞、牙籤羊肉

格蘭花格 17 年除了迷人的辛香料味道，還有著略帶青草的香氣，跟藤椒的清香辣味不謀而合，直火蒸餾的格蘭花格威士忌口中的尾韻，或多或少都帶有著些許的淡淡煙燻，跟藤椒雞撲鼻而鑊氣微微焦香，相得益彰。像這樣子棋逢敵手的搭配，彼此鬥著，在嘴裡放著煙火，真是享受。

的

# 酒 單

### 13

## Dalmore 15 Year Old Single Malt Scotch Whisky

## 大摩 15 年單一麥芽蘇格蘭威士忌

· 搭配 ·

重慶老火鍋、水煮牛肉

大摩威士忌出自於天才調酒師理察派特森之手,而理察其繁複的調配技巧、用桶的手段,無人能出其右。大摩 15 年先在美國橡木桶當中熟成十二年,再分別把原酒換桶至三種不同的頂級雪莉酒桶之中熟成三年,總共熟成了十五年之後,再將在三種不同雪莉桶中熟成的酒液取出,以適當比例混合在一起,裝在另一個雪莉桶當中再次融合,最後完成複雜而豐富的氣味。大摩 15 年有豐沛的丁香、肉桂及薑的辛香料氣味,也有柑橘、檸檬的水果香氣。這樣的氣味搭又麻又辣的火鍋真是對極了。

### 14

## Glenrothes WMC Single Malt Scotch Whisky

## 格蘭路思 WMC 單一麥芽蘇格蘭威士忌

· 搭配 ·

重慶老火鍋、牙籤羊肉

重慶老火鍋這個老字是有玄機的,它也是因為這個老,讓火鍋的味道更豐富更好吃,道地的老火鍋是用回鍋油的,回鍋油溶入了許多食材的精華,一用再用,讓這鍋越吃越有味道。在台灣是不允許用回鍋油的,有食安的顧慮,只能一次性的使用,不能回收再利用。格蘭路思 WMC 紀錄了 Whisky maker 的傑作,而這位 Whisky maker 正是格蘭路思的首席調酒師高登摩森,它的玄機就是用 100% 首次裝填雪莉桶把格蘭路思最複雜的味道全裝進瓶子裡了。

**15**

Auchentoshan 12 Year Old Single Malt Scotch Whisky
**歐肯 12 年單一麥芽蘇格蘭威士忌**

· 搭配 ·
重慶老火鍋、夫妻肺片

不只是愛爾蘭有從事三次蒸餾，過去蘇格蘭的歷史中也有不少酒廠如此，不過，直到現今，全蘇格蘭也僅剩歐肯一家酒廠全製程從事三次蒸餾，對現在越來越講究效率的世代，三次蒸餾在同樣的生產成本之下，蒸餾時間花的比別人更久，能取來入桶的酒液更少，划不來。所以我們要更珍惜保留這項技法的酒廠。歐肯 12 年用波本桶和雪莉桶融合的挺好，搭配上涮得恰到好處的肉片，除了又香又麻，更增鮮甜。

薺元小館
—

# 當威士忌
# 遇上
# 江浙風味

　　一開始從一家在民生社區賣薺菜餛飩的小店出發，10 幾年來，發展成一家江浙菜的名店，有些忠實的老客人也從初來乍到，一路養成了一星期來好幾天的擁護者。小老闆看起來有些年輕，剛接手父親苦心經營的生意沒幾年，卻已經很有自己獨到的想法，原來學習藝術的他，也試著將自己擅長的繪畫融入餐廳的經營，他會幫有特殊需求的客人，如慶生、高昇、彌月、祝壽或是其他不同需求，只要提早跟他說，他會運用畫盤創意，將客人的重要日子用多色的果醬繪製成畫，每一幅都是小老闆親手的創意。

　　江浙菜的濃郁口味跟威士忌的搭配是毫不違和的，不過薺元小館針對台灣人的口味，將過鹹、過油、過甜的菜色做了調整，更符合在地人的口味。小老闆自己本來就喜歡喝威士忌，自己床頭前平常都會放上一瓶，當作睡前飲品，館子裡的消費者除了有許多的葡萄酒愛好者，更多人會帶著威士忌一起來這裡品嚐餐廳菜色，或許只是助興，不過隱隱中菜色與酒的風味相合，才是這裡有這麼多威士忌老饕流連不已的原因。

## 辣得恰好的美妙結合

　　問了問小老闆對於餐廳中的那些江浙菜色是適合搭配威士忌，也廣受消費者喜愛的？他毫不猶豫的回答，是辣味，是微辣但不重辣的菜色。適當的辣給的是麻香，而不是口舌無法自己的刺激感，微辣香氣和威士忌口感的融合，相當美妙，因此他們有適當調整菜色的辣度增加搭酒的豐富度，而不是妨礙兩者的相親相愛。

　　關於對辣味的觀察，我十分同意，因爲身邊有許多西方的朋友，對辣味的接受程度不高，一部分是他們生活的經驗中較少有辣味的出現，另一部分是葡萄酒飲食文化發展的結果，並不是大部分的葡萄酒都能和辣味相合，所以辣味在西方世界並沒有像東方這麼流行。而威士忌與辣味之間，就像是一對男女在談戀愛一樣，只要不是過分潑辣，相處起來是沒問題的。

**Info.**

薺元小館 · 台北市松山區南京東路四段 19 號 ｜ 02-2717-0330

WHISKY
&
FOOD PAIRING

( 浙菜、辣味與威士忌的樂章 )

## 冷盤（口水雞、海蜇頭、辣椒鑲肉、梅汁茄球）

走香不走辣的口水雞，來自四川的涼菜，中國近代文人郭沫若，形容自己年少在故鄉四川吃白斬雞的美味時，說到自己想得口水直流，人們覺得他形容得很生動，因此這道菜後來就叫「口水雞」，這道菜的醬汁是靈魂，一家店怎麼炮製他們淋在上面的紅油，決定了這家店這道菜的風格。

海蜇是水母加工泡製而成，分為海蜇頭和海蜇皮，海蜇頭是觸鬚的部位，肉質較厚實，涼拌起來十足爽脆。薺元小館的海蜇頭真是好吃，讓人停不下來。

用青辣椒鑲肉是外省長輩在家中會做的拿手菜，將調味好的肉餡小心地塞入青辣椒中，
在油鍋中將塞好肉的青辣椒煎軟，加入湯汁調味燉煮收汁，放涼食用，特別開胃。薺元
的青辣椒看起來無害，吃起來辣得過癮，讓人不小心就會多補上幾杯威士忌了。

去皮的小番茄泡在酸梅和冰糖熬出來的糖水中，吃起來酸酸甜甜，是開胃的聖品，也是
冷盤中唯一不辣的菜色。

02

## 獅子頭

這道菜是從五代前的曾曾祖母那個時候傳下來的手藝,是薈元小館的招牌菜,獅子頭以道地揚州菜的作法,純以豬肉製成,不添加任何多餘的香菇、荸薺、雞蛋或是粉料來增加口感,講究肉嫩白菜香,把祖傳湯汁的高湯精華濃縮在鮮嫩多汁、香氣十足又入口即化的獅子頭裡。我認識一些朋友,都有自己家傳的獅子頭作法,我自己到不同的餐廳,也喜歡點它們的獅子頭來吃,每一家的作法都不相同,都有他們的道理,更重要的是,裡面包含著上一代傳承下來的氣味,這才是獅子頭最迷人的原因。

## 03

### 杭椒菲力牛柳

這是一道杭州特色的傳統家常菜,但屬浙江菜,鹹香鮮美,很適合下酒。薺元小館用上等的牛菲力,順著紋理切成牛柳條,用蛋清和澱粉醃漬,讓肉質滑嫩,最後爆香,將不會辣的糯米椒,和醃過的牛柳條加老抽和生抽拌炒,還沒上桌,就能飄香千里,誘人垂涎。

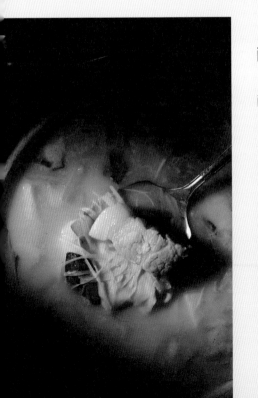

## 04

### 醃篤鮮

醃篤鮮是要分開來看的三個字,「醃」代表醃肉,裡面放了醃火腿和豬五花肉,第二個字「篤」是湯在翻滾的狀聲字,可以想像煮火鍋時,在鍋裡發出篤、篤、篤的聲音,而第三個字「鮮」表示新鮮的食材。薺元小館用老母雞熬出來濃厚的白湯,加上醃漬的火腿和豬五花,再加入百頁結、筍尖、青江菜、蒜苗,一起熬煮,讓食材吸取濃厚湯汁的氣味,整鍋湯裡有飽滿的肉味、有口感的百頁、有清爽的筍尖與青菜,將這道菜平衡的恰到好處,趁熱喝,更能吃出其中好滋味。

## STEVEN 的

# 酒單

### 01

**Aberfeldy12 Year Old Single Malt Scotch Whisky**

## 艾柏迪 12 年單一麥芽蘇格蘭威士忌

· 搭配 ·

口水雞、辣椒鑲肉

艾柏迪一直以來以石楠花蜜香和高地泥煤炭風味著稱，這種更接近古老的蘇格蘭威士忌風味，是頗受國際大師好評的好酒，這樣的硬漢風格，在甜美之中，仍然有著清楚的個性，搭配微辣的口味甚得我所好，口水雞花椒的風味強勁，香麻的氣味和微燻的高地泥煤炭風味甚合。

---

### 02

**Glenrothes12 Year Old Single Malt Scotch Whisky**

## 格蘭路思 12 年單一麥芽蘇格蘭威士忌

· 搭配 ·

海蜇頭、獅子頭

格蘭路思酒廠自從回到了愛丁頓集團旗下，就以 100% 雪莉桶風味作為調配的主軸，而細膩帶著柑橘香氣的 12 年，與辣味的菜色十分相合，在口中與辣的結合帶出更多甜味，辣與麥芽香甜的交織更能安撫味蕾，解放威士忌的香氣更加芬芳。跟獅子頭的搭配，果香味會有更多的展現。

### 03

### Bunnahabhain Toiteach A Dha Single Malt Scotch Whisky

**布納哈本托奇亞單一麥芽蘇格蘭威士忌**

· 搭配 ·

海蜇頭、口水雞

位於艾雷島的布那哈本酒廠,是島內難得主要不從事泥煤炭風味威士忌生產的酒廠,然而,它們還是有少量生產泥煤炭威士忌,這支托奇亞就是泥煤味的特殊版本,除了眾所周知泥煤炭造成的消毒水味,它還帶有清楚的胡椒味,並使用雪莉桶來平衡強大的酒體,在口裡帶來的溫暖,跟辣味一樣的迷人。

### 04

### Wild Turkey Rare Breed Bourbon Whiskey

**野火雞尊釀美國波本威士忌**

· 搭配 ·

海蜇頭、辣椒鑲肉

這支酒精度高達 58.4% 的美國波本威士忌原酒,是標準的老饕用酒,輕輕在酒裡加點水,香氣就炸了開來,原來悶住的口感,也被釋放開來,以四號炙烤的美國橡木,讓整體的口感多了一股煙燻味、玉米的甜味、裸麥的辛香料味,搭辣味的食物,讓波本的太妃糖香味更加明顯。

## 05

Prime Blue Blended Scotch Whisky
### 紳藍調和式蘇格蘭威士忌

· 搭配 ·
辣椒鑲肉、口水雞

之前有幸參與這支紳藍基本款的首次上市發表會，當時對這支基本款
威士忌的調配技藝印象深刻，果然它一上市就大獲好評，屬於莫里森
波摩集團的紳藍，目前是賓三得利集團旗下，雖說是蘇格蘭威士忌，
卻有著日本人的細膩。搭配辣椒鑲肉，不知道是滿溢的肉汁，還是威
士忌的綿密，讓口腔有著黏稠感，包覆了整個舌頭，讓人從汗流浹背
的辣味之中清醒。

## 06

Bruichladdich The Classic Laddie Single Malt Scotch Whisky
### 布萊迪經典萊迪單一麥芽蘇格蘭威士忌

· 搭配 ·
獅子頭、醃篤鮮

瓶身有著蒂芬妮藍的 Laddie，是我會推薦給女性的一瓶威士忌，因為來
自艾雷島的血統，讓人誤會它是充滿消毒水味的怪物威士忌，其實它不
是，它就像是瓶身迷人的顏色一樣，有著優雅細緻的果香，50% 的酒精
度，同時可以滿足需要強壯口感的老饕，加點水，也能滿足需要細膩風
味的品飲者。或許是位於海島的關係，這瓶酒口感略微帶點鹹味，搭獅
子頭更顯鮮甜，搭醃篤鮮中的百頁結，讓豆腐味站了出來，與湯頭鹹甜
的交會，是美麗，不是誤會。

## 酒單

### 07

#### Loch Lomond 12 Year Old Single Malt Scotch Whisky
### 羅曼德湖 12 年單一麥芽蘇格蘭威士忌

· 搭配 ·

獅子頭、杭椒菲力牛柳

對於威士忌入門者，我會推薦羅曼德湖威士忌，因爲它有非常美麗優雅的花果甜香，任誰都會喜愛，如果是資深愛好者，我也會推薦他深入研究羅曼德湖威士忌，因爲一家酒廠內擁有 4 種的蒸餾器配置，並且低調地做出各種匪夷所思的實驗，絕無僅有。威士忌大師 Dave Broom 說這家酒廠是最被市場低估的好酒廠，拿這支酒來搭餐，在口中，彷彿有著百香果香包覆著食物，讓食物添加絕美的香氣。

### 08

#### Koval Millet Single Barrel Whiskey
### 科沃 美國小米威士忌

· 搭配 ·

獅子頭、醃篤鮮

在市面上很難找到用小米做的威士忌，如果想要研究穀類品種造成風味的差異，這支科沃很適合拿來做比對研究，這支酒聞起來有非常清楚的肉桂香，薄荷涼感，喝起來卻異常溫柔，好像小時候愛吃的肉桂枝，在嘴裡咬著咬著，辣辣涼涼的口感在嘴裡慢慢的化開。可以將醃篤鮮的白濁雞湯舀一點在湯碗中，加點小米威士忌進去，變化出的香氣，很特別喔！

# 酒單

### 09

Jura 10 Year Old Single Malt Scotch Whisky

## 吉拉 10 年單一麥芽蘇格蘭威士忌

· 搭配 ·

杭椒菲力牛柳、醃篤鮮

吉拉位於吉拉島是一家特立獨行的酒廠，島上的紅鹿比人還多，僅僅的一家酒廠是島上經濟的命脈，曾經爲了威士忌的追尋上了那座島，先從蘇格蘭本島飛往艾雷島，再從艾雷島搭接駁船前往吉拉島，到了島上，還要再繞半個島才能到酒廠。我相信只有眞正的威士忌瘋魔者才會如此不遠千里拜訪一座荒涼的小島，只爲了一個小時的酒廠參觀，還要急忙趕回艾雷島，否則就會被困在荒郊野地，孤獨地等著明天的船班來接你。吉拉十年有一股特別的奶香和荔枝乾的氣味，跟糯米椒和軟嫩的牛肉很合，醃篤鮮的鹹香也襯托著吉拉雪莉桶後熟的氣味。

### 10

Jim Beam  Double Oak Bourbon Whiskey

## 金賓雙桶美國波本威士忌

· 搭配 ·

杭椒菲力牛柳、梅汁茄球

在葡萄酒的世界裡，一些知名葡萄酒釀酒師喜歡把葡萄酒做 100% 全新橡木桶熟成，作爲旗下最頂級葡萄酒的裝瓶，有些釀酒師覺得做一次不夠，將葡萄酒拿出來之後，再換桶到另一個全新橡木桶當中繼續熟成，在技術上，我們稱之爲 200% 的全新橡木桶應用。金賓雙桶 Double Oak 就是應用這樣的觀念，與蘇格蘭雙桶的概念不一樣。這支酒因爲使用新橡木桶而造就很重的木質調，搭配帶甜的梅汁茄球還有甜美的肉汁很棒。

**11**

Douglas Laing Timorous Beastie 10 Year Old
Blended Highland Malt Scotch Whisky

道格拉斯蘭恩黃金鼠 10 年調和麥芽蘇格蘭威士忌

· 搭配 ·

醃篤鮮、辣椒釀肉

黃金鼠是道格拉斯蘭恩裝瓶商出版的限量的高地麥芽調和威士忌，有美好的花香，以及香蕉和水蜜桃的香氣，混合著乾淨穀物的氣息、蜂蜜以及辛香料的調性。許多的老饕厭倦了威士忌原廠 OB 的一成不變，就會來 IB 獨立裝瓶商這裡尋找特殊讓人驚喜的風味，像這樣的威士忌，都是以小批次限量生產，很有特色又複雜的氣味，像這樣子不容易持續性複製的威士忌，要去了解並欣賞它每一個批次不同的美麗。

# 當威士忌
# 遇上
# 北方風味兒

# MEAT WITH PICKLED CABBAGE HOT POT

多年前第一次拜訪這家店，就著迷於他們的麵食，特別是那滿滿綠意的蔥油餅，以及韭菜盒子，跟我們一般所認識的麵食有點不一樣，它都是乾烙的，不是那種吃完後，盤子上和滿手都是油膩。

認識老闆後，問他為什麼堅持乾烙而不油炸，他說乾烙餅的製作時間是油炸的7倍之多，他們不買現成的冷凍麵團，必須一大早就自己發麵、揉麵、擀麵；加在餡料裡面的東西也很簡單，純粹的食材，沒有多餘的添加物，因為做給客人吃的也是自己家人吃的。一般用油來處理麵食比較省時，而且油炸物很香，不過，油炸會破壞了麵粉的結構，吃不出麵香，他們家的韭菜盒子是將切好的韭菜、粉絲、蛋和蝦皮用麵皮包起來，放在沒有一滴油的乾鍋上烙，以文火慢慢地烙熟，吃在嘴裡，越嚼越有味道。老闆謙虛地說，店裡做的東西都是家常菜，媽媽和奶奶傳下來的手藝，越簡單的東西越是不簡單。這些年，要找乾烙的好餅，越來越不容易，速食速飲的文化，讓這些單純的美慢慢消失了。

## 天然酸香讓人回味再三

不過大部分人認識大連風味館是因為愛吃他們的酸菜白肉鍋，這裡的酸菜白肉鍋很明顯地跟其他同樣主打酸菜白肉的店不同風味，這裡的酸白菜酸度非常的文雅，毫不刺激。老闆吃不慣外面現成的酸白菜，拿自家在宜蘭種的山東大白菜，簡單的鹽醃、石壓，自然發酵1個月後再拿出來用，因此酸味細膩優雅，越滾煮越酸越香。老闆開玩笑說，店裡如果用外面買的現成酸白菜，每一年就能讓他省下幾十萬的成本，堅持不用的理由很簡單，因為天然發酵的酸味才是家常的味道，也才是媽媽的味道。

　　火鍋裡的主角白肉，在汆燙帶皮豬肉之前，他們會先將整條的五花肉在高湯中燙煮，撈起時壓去多餘油脂，再放進冰箱封存成型一日備用，隔日再取出切片汆燙，這樣帶皮的白肉，口感有層次，不會久嚼不爛，沒有生豬肉的腥羶味，也不會烹煮時火鍋上浮了一層滿滿的油水，這樣清爽不油膩、酸味細緻、口感層次豐富的酸菜白肉鍋，正是我喜歡大連風味館的原因。

Info.
大連風味館·台北市大安區復興南路二段 175 之 1 號｜02-2325-4877

( 北方風味兒與威士忌的樂章 )

01

## 韭菜盒子

在台灣，韭菜盒子是早餐吃得到、中午吃得到、下午嘴饞可以當小點心，或是配碗酸辣湯也很過癮，晚餐吃韭菜盒子也沒問題，是種全天候的平民美食。以前最早吃的韭菜盒子都是油煎的，甚至有些油下得多，煎出來看似用炸的，麵皮都起了泡，第一次試到乾烙的就被迷上了，原來鍋裡不用下一滴油，吃起來也可以如此麵香十足，越嚼越有味道，健康又美味。大連風味館的韭菜盒子是我心中的第一名，看似樸實無華的調味，卻讓所有食材的風味在嘴裡萬分精彩。

## 02

### 醬牛肉

醬牛肉名字聽起來很霸氣，其實就是半滷半醃的牛腱子肉。大連風味館的原料是取用牛腱子心，特色是筋多一點、油花少。製作時，先讓腱子心跑活水，讓血水先跑 2-3 個小時，直到雜質都完全去除乾淨了，再汆燙，之後放入店裡秘藏的老滷汁中滷製而成。醬牛肉的滷汁有些許中藥味，我在威士忌餐搭的過程中，發現用印度威士忌來搭配很合。

## 03

### 蔥油餅

這大把大把的蔥花，都把餅給染綠了，我吃過最喜歡的薄蔥餅，一家是驥園的蔥油餅，另一家就是大連風味館的了。這樣的蔥油餅最好拿來包裹京醬肉絲，或是魚香肉絲來吃，大口咬下去，軟 Q 而有層次的蔥餅和重口味的豬肉絲料理，讓人好有飽足感。不過，單純吃蔥油餅也很棒，慢慢嚼，越嚼越香。

# 04

## 白菜燉肉

拿山東大白菜剝起來，大概要剝掉超過
1/2，中間部分的白菜芯才能拿來切絲燉
肉，外面剝掉的老梆子，就拿來做為酸
菜白肉鍋煮湯的鍋底，豬肉則用台灣焢
肉的手法來紅燒，燒好的滷肉再拿來跟
白菜一起燉。肉汁加上白菜自然地出水，
加入些許高湯，讓這鍋料裡又清爽又濃
郁。北方人喜歡做燉菜，在天寒地凍的
地方，燉菜上桌涼得慢，燉菜不只是豬
肉，吃魚、吃鴨、吃鵝也常常用燉菜形
式上桌。

# 05

## 燻肉大餅

老闆親自從大連學回來的菜色，上來4小
盤，有袋餅，有蔥絲，有甜麵醬，還有
用中藥風味滷製豬前腿肉加以糖燻而成，
再切成好入口的薄片，自己動手剝開這外
酥內軟的袋餅，再用醃燻滷肉片沾多一些
的醬料，放進袋餅中，當然，千萬別忘了
抓一把蔥絲塞進去，吃起來的口感清爽多
汁，就靠這把蔥絲的畫龍點睛。

06

## 酸菜白肉鍋

大連風味館的酸菜白肉鍋就是堅持一個老味道，會用豬五花先煮高湯，煮到八分熟，撈起來定型，冷凍之後再拿來切。這樣的處理，除了去腥味、去油膩，會讓豬皮除了帶 Q 勁之外也嚼得動，有別於一般的生肉汆燙時，會有豬皮咬不動的窘境。老闆自謙店裡做的酸白菜很簡單，大家在自己家裡都能做，把白菜洗乾淨、晾乾、切開，撒把鹽，找個乾淨的桶子放進去，拿個重物壓著，別讓白菜飄起來，鹽漬大概一個月，自然發酵的酸白菜就大功告成。買外面現成的酸白菜，有些商家為了速成，額外添加了什麼東西也不知道，為了自己扎扎實實地做酸白菜，老闆在宜蘭頭城弄了一塊地，一甕甕的酸白菜給它時間，讓它慢慢地成熟。

## STEVEN 的

### 酒 單

**01**

**Glen Grant 12 Year Old Single Malt Scotch Whisky**

## 格蘭冠 12 年單一麥芽蘇格蘭威士忌

· 搭配 ·

酸菜白肉鍋、燻肉大餅

清香細緻的格蘭冠 12 年是我會推薦給初學者和女性的第一支威士忌，帶著花香和海綿蛋糕的香氣，還有蜂蜜的甜香，優雅極了。這家酒廠在初餾機和再餾機上各自裝了一只淨化器，幫助蒸餾中的酒液迴流，持續的銅對話，造就了它清爽細緻的口感。因為大連風味館的酸白菜自然而溫和，白肉不油膩，竟與波本桶熟成的風味香很合。

**02**

**Suntory Kakubin Blened Japanese Whisky**

## 三得利角瓶調和式日本威士忌

· 搭配 ·

燻肉大餅、韭菜盒子

日本三得利公司早就已經幫自家的角瓶設定好搭配食物的裝扮，並透過在日本的推廣，打進各大餐廳、居酒屋和燒烤店，並實際獲得很大的成功。就是所謂的「Highball」喝法，將一份威士忌加入加滿冰塊的長型杯中，搖混、冰鎮，再把帶有氣泡的軟性飲料加進去，怕酒精味的人可換成加入帶甜味的軟性飲料，喜歡威士忌麥芽香味的人可選加入不帶甜味的蘇打水。這樣中性的調法對大部分的食物百搭。

## 酒 單

### 03

#### Grant's 8 Year Old Blended Scotch Whisky
#### 格蘭 8 年調和式蘇格蘭威士忌

· 搭配 ·
酸菜白肉鍋、韭菜盒子

屬於格蘭父子旗下的格蘭調和威士忌做得還不錯，卻沒有調配它的基酒的兩個兄弟－格蘭菲迪和百富出名，在這個單一麥芽威士忌廣為流行的新興市場，調和威士忌的鋒頭就被搶走了。我將格蘭加入了冰塊之中，口感泛起了青草系的風味，搭韭菜盒子正點，而以雪莉桶做風味桶後熟所帶有的辛香料味，跟酸菜白肉鍋中的川丸子搭配正好。

### 04

#### Leader Sherry Cask Finish Blended Scotch Whisky
#### 仕高利達雪莉風味桶調和式蘇格蘭威士忌

· 搭配 ·
蔥油餅、韭菜盒子

這年頭市場吹起了雪莉桶的風潮，大大小小的品牌，不管是單一麥芽威士忌，還是調和威士忌，都流行起了雪莉桶熟成，有些酒廠或品牌本來不以雪莉桶為主軸的調配，都開始做起了雪莉風味桶陳年。仕高利達是台灣銷售量第二高的調和威士忌品牌，原來就廣受普羅大眾的歡迎，常常在有提供飲酒的小吃攤、快炒店或海鮮餐廳都可以看見這個品牌，它也跟著風潮做了雪莉風味桶，我自己在試菜搭酒的過程，也覺得雪莉桶風味很容易就跟台式或中式菜餚搭上了線。

# 酒 單

### 05

Jack Daniel's Old No.7 Tennessee Whiskey

**傑克丹尼爾 Old No.7 美國田納西威士忌**

· 搭配 ·

白菜燉肉、蔥油餅

世界知名的傑克丹尼爾美國威士忌不是波本，而是田納西威士忌，除了產地在田納西，不在波本的大本營肯塔基，其中最重要的差別，就是他們嚴格的要求使用楓木炭過濾，認為多了這道工序，酒質更純淨美麗。香甜可口的美國威士忌搭麵類製品都很好，在口中有很有趣的變化，舌後根有涼糖的感受，跟燉肉搭配也很鮮甜。

### 06

Jim Beam Black Extra Aged  Bourbon Whiskey

**金賓（黑）美國波本威士忌**

· 搭配 ·

酸菜白肉鍋、蔥油餅

美國威士忌很重視橡木桶的炙燒，不是那種溫柔的烘烤，而是那種猛烈的炙燒，烘烤的時間長而緩慢，炙燒的時間快而劇烈，快速的炙燒就像放了一把大火，把橡木桶的內壁燒成鱷魚皮般的龜裂紋，給威士忌帶來更多焦糖的風味和溫暖的感受。金賓黑牌就是以表現這種風味為主，除了焦糖的氣味，還帶點杏仁的香氣。微帶焦香的蔥油餅，以及用大火滾煮的酸菜白肉鍋，都很適合這種溫暖的感受。

## 07

### Bruichladdich Port Charlotte Islay Barlley 2012
### Single Malt Scotch Whisky
### 布萊迪波夏艾雷島大麥 2012 單一麥芽蘇格蘭威士忌

· 搭配 ·

酸菜白肉鍋、醬牛肉

在整個蘇格蘭，已經沒有太多酒廠像布萊迪一樣，小小一家酒廠養百個第一線在地的工作人員，和當地大麥田的農夫契作，以及酒廠內現場人員自行包裝，手工式的完成威士忌的製作，這樣聽起來不夠現代企業化、流程統一化、電腦編程化，卻是這家酒廠成立的初衷，人們說威士忌中記錄了在地的風土條件特色，布萊迪實踐的最徹底。泥煤味和醬味天作之合，而蘇格蘭威士忌所謂的辛香料味，在醬牛肉料理上卻是中藥味，一場西方和東方的對話。

## 08

### Paul John Peated Select Cask Single Malt  Indian Whisky
### 保羅約翰泥煤單一麥芽印度威士忌

· 搭配 ·

醬牛肉、燻肉大餅

這支印度威士忌帶著些微的奶香，混雜著泥煤炭的氣味、亞熱帶水果的蜜桃香，和著絲絲肉桂的香氣，從印度來的保羅約翰威士忌，有著和蘇格蘭威士忌一模一樣嚴謹的製程，卻在屬地氣味細微的差異，那些和蘇格蘭威士忌不一樣的味道，每每讓人驚喜。印度獨特的辛香料味搭醬牛肉本來就很棒了，沒想到加上泥煤味更好。與台灣同為快速熟成俱樂部的一員，沒想到搭食物也一樣的精采。

## 酒 單

**09**

## Edradour 12 Years Old Single Malt Scotch Whisky
### 艾德多爾 12 年單一麥芽蘇格蘭威士忌

· 搭配 ·
白菜燉肉、醬牛肉

這支威士忌擁有相當深邃的酒色，聞起來本身就帶點醬味，一眼瞧出來就是重雪莉的狠角色，入口甜美的不得了，舌後有微微的苦韻回甘，二話不說，馬上夾了醬牛肉往嘴裡塞，果然合拍。這次威士忌餐搭的實踐過程，也領悟了一個道理，威士忌的顏色其實可以派上用場，看到食物的醬色深，就準備深色的雪莉桶威士忌來搭配，連連看，命中率頗高。

# STEVEN
## 的

# 酒單

**10**

## Glenlivet 13 Year Old Single Malt Scotch Whisky
### 格蘭利威 13 年單一麥芽蘇格蘭威士忌

· 搭配 ·
酸菜白肉鍋、燻肉大餅

這幾年我心目中以波本桶風味爲主軸，強調「硬水介入製程所造就花香調」的格蘭利威大轉型，出版了好幾款重雪莉桶風味威士忌，像是重雪莉台灣限定版、重雪莉免稅限定版，原來自己要親身飛到蘇格蘭，在酒廠當中才能親炙的雪莉桶逸品突然對大眾上市，而且大受歡迎，讓人有時空交錯的感受，不知今夕是何夕。很久以前我寫過一篇文章，談酸菜白肉鍋配酸梅湯絕配，而有一種雪莉桶威士忌的風味就像是酸梅湯，搭配起來還帶點奶香味，就是像格蘭利威 13 年這樣的重雪莉風味，絕配。

阿裕牛肉鍋

—

# 當威士忌
# 遇上
# 台式牛肉湯

# BEEF HOT POT

　　這些年，台南由文化古都轉型成爲小吃與美食之都，我身邊台北的朋友們，甚至國外的友人們，都會不遠千里專程下去台南一趟，而其中最吸引人的代表性美食就是溫體牛肉火鍋，整座城市有許多知名店家賣溫體牛肉湯，這些店家當中，首屈一指的算是阿裕牛肉鍋了。阿裕的店開在仁德，不是開在台南熱鬧的市中心，仍天天爆滿，一位難求，店面從一家擴展成三倍，仍座無虛席，2020 年開幕佔地千坪的崑崙店，期許能接待各國外賓爲目標，把台南小吃作爲面向世界格局的嘗試。

　　30 歲失業的阿裕，原來打算應徵當保全，卻在翻看報紙徵人欄時，不小心在美食欄看到牛肉麵，靈光一閃，回家跟老婆說想做賣牛肉麵的生意，但他發現台南大部分賣牛肉麵或牛肉鍋的店家都是用冷凍牛肉，當時只有 3 家賣溫體牛肉，其中一家還經營不善而收了起來，他開的店成了台南賣溫體牛肉的第 4 家。台南人吃溫體牛肉的歷史很長，但是鄉下多半務農，傳統想法是因爲牛隻協作耕田，所以不吃牛，因此食用牛肉仍是屬於小眾市場，所以當阿裕開始開牛肉湯店時，台南溫體牛肉的美味尚未出名，他自詡是後來聲名大噪的推手之一。

　　在阿裕的研究當中，台灣有許多城市有牛隻的屠宰市場，像是鳳山、雲林、三重都有，不過他們屠宰的牛都是公牛，或是老了的役牛，所以肉質上都比較堅韌，

台南這個區域屠宰場的牛都是母牛，或是閹牛，所以牛肉的品質上軟嫩又鮮甜，這就是為什麼台南發展溫體牛肉的飲食市場優於其他縣市的原因。加上台南縣政府推動了許多年的牛肉節，也帶動了市場，從以前人們因為信仰而不吃牛肉，轉變為吃高鐵質、高蛋白的牛肉對身體健康好。

白手起家的阿裕，一開始選在鄉下開店的理由很簡單，因為房租便宜，市中心好店面的成本太高，當時的他負擔不起。因為用料實在，為人誠懇，所以一路以來忠實的老客人很多，口耳相傳，客人越聚越多。阿裕很感性地跟我分享他的一位客人是大學教授，10 幾年前退休，年紀很大了，有一天教授託朋友特別載自己過來，教授的朋友告訴阿裕，教授知道自己來日無多，只想再回來嚐一嚐懷念的美味。也有許多大學生，從談戀愛時期就喜歡在這裡用餐，10 幾年過去了，還會帶著妻小回來拜訪阿裕，對他來說，這些老客人的肯定就是阿裕經營一家店最大的成就感。

## 手切牛肉造就口感豐富變化

阿裕牛肉鍋為什麼越做越好，得到消費者的肯定？阿裕說，有一次一位知名美食專家帶朋友來拜訪他，跟他討論成本的問題，他二話不說，直接拿一起塊肉當場分切了起來，切完，指著只剩下 1/3 大小的肉，說這是等一下要給客人吃的，另外 2/3 是不要的帶筋部位，這位美食專家和他的朋友看得瞠目結舌，搖頭不信，直到分別拿這兩邊的肉去燙，同樣一塊肉，一邊入口即化，一邊久嚼不爛，大家才了解到這麼多年來每塊牛肉都是阿裕親手切出來，造就他對細節、紋理、口感的掌握的神乎其技，同時對品質的要求一點也不放鬆，對阿裕來說，經營者對品質的要求要捨得，有捨才有得。

「切牛肉，切出了人生的哲學」。或許阿裕白手起家的奮鬥史，可以書寫成現代年輕人創業的教科書，從市場的觀察、服務的觀念、理念的堅持，讓我們相信所謂的成功不一定要通過繼承而來，透過自己的努力，在這個時代，仍然是有機會的。

---

**Info.**

阿裕牛肉鍋（崑崙店）‧台南市仁德區崑崙路 733-1 號｜06-279-5500

WHISKY
&
FOOD PAIRING

## （ 現燙牛肉鍋與威士忌的樂章 ）

### 烤牛舌

一頭牛只有一條牛舌，阿裕的烤牛舌是用「牛的舌後根」，是油脂最豐厚的部位，一頭牛的舌後根只能切三盤來烤，其他牛舌的部位就拿去做牛雜，這道菜也充分展現了阿裕的「捨得哲學」。這些被切掉的牛肉部位，有一部分作為牛雜燉高湯，有一部分製成牛肉乾，都沒有浪費，只是作為對品質的要求，有捨方有得。

## 02

### 麻油牛骨髓

這道菜來自牛的龍骨髓，骨髓很稀有，一頭牛的骨髓只能炒一盤，很快就賣完了，所以店家也不會推薦，只有熟門熟路的老饕，趁著店剛開，人潮還沒有湧進來之前，趕快點一盤解解饞。台南的「虱目魚腸」也是一樣的道理，只有自己現殺虱目魚而不是買現成材料的店家，才會有虱目魚腸這道菜，吃起來微微苦甘，不一定每個人喜歡，數量很少，晚來的就沒有了，也是老饕專屬的菜色。

## 03

### 滷肉飯

阿裕牛肉鍋的滷肉飯是免費提供給消費者的，吃過就知道它不是隨隨便便的一道，那鍋肉燥用料實在，要花5、6個鐘頭才能炒出來，一個星期要準備超過上千斤的乾料來炒肉燥，好吃的肉燥肥而不膩，只需要淋一點在白飯上，就足夠香氣四溢。

## 現燙牛肉鍋（加碼牛尾和爆漿牛肉丸！）

阿裕分享他剛開始創業時的趣事，那時一家牛肉商的老闆喜歡喝酒划拳，有一天，他跟老闆開了個小玩笑，說用划拳的輸贏，定一整包邊角料的價錢，贏了免錢，輸了雙倍錢，沒想到阿裕十划八贏，那贏來的牛肉邊角料，全下鍋去熬湯頭，因為不用錢，所以下料特別凶猛，卻沒想到這是一條不歸路，老客人喝習慣下猛料的湯頭，平常下少一點，就會被常客反映湯頭太薄，造成一直到現在，開放式的廚房裡，每個人都可以看到他熬湯底的大鍋子裡有滿滿的牛筋、牛腩、牛雜，沒有任何一家牛肉湯店敢像阿裕這麼大方給大家看自己的真材實料。

牛肉的切割也是大學問，很多店家拿到溫體牛肉，不分部位、紋理、油花的差異，全都切成統一性的牛肉盤，可惜了那不同部位有的軟嫩、有的爽脆、有的滑順、有的有嚼勁，而阿裕透過他多年切割分肉的技法和手感，能讓一塊牛肉中不同部位的口感，分別呈現出來。

# 的 酒 單

## 01

### Kavalan Distillery Select No. 2
### Single Malt Taiwanese Whisky

**噶瑪蘭珍選 No. 2 單一麥芽台灣威士忌**

· 搭配 ·

烤牛舌、現燙牛肉鍋

噶瑪蘭的威士忌總是給我有著濃得化不開的感受，因此，每當我加入些許的水，或是加入冰塊，讓少量化掉的水分進入威士忌當中，讓噶瑪蘭的香氣和口感伸展開來再喝一口，就會覺得威士忌更香甜美味。這支威士忌正是屬於濃得化不開的類型，當伸展開來，清楚的玉蘭花香，椰子奶油糖氣味，就會取代原來因過份濃郁所產生的像指甲油般的香氣。而油脂馥郁飽滿的牛舌和牛肉拿來搭配剛剛好。

---

## 02

### Monkey Shoulder Blended Malt Scotch Whisky

**三隻猴子調和麥芽威士忌**

· 搭配 ·

烤牛舌、麻油牛骨髓

三隻猴子的典故來自威士忌的地板發麥，老式的地板發麥將泡過水的大麥平舖在地板上讓它漸漸發芽，由於發芽時會釋放出熱能，因此有經驗的工人必須 24 小時監督並翻動大麥，因爲這是一份粗重的工作，所以翻麥工人都會有像 Monkey Shoulder（猴子肩膀）般強壯的臂膀，三隻猴子來自格蘭父子公司，這家公司仍舊保有傳統的地板發麥，並引以爲榮，故以此命名。這支酒細緻而香甜可口，搭配牛肉料理，讓料理成爲主角站出來。

# STEVEN 的

## 酒　單

### 03

Mortlach 12 Year Old Single Malt Scotch Whisky

## 慕赫 12 年單一麥芽蘇格蘭威士忌

· 搭配 ·

烤牛舌、現燙牛肉鍋

12 年的慕赫在酒瓶子上標示著 The Wee Witchie（小女巫）一行字，是慕赫的六只蒸餾器中，其中一只的命名，正是這只蒸餾器的四次蒸餾製作出了酒廠引以爲傲的 Meaty（肉味），因此被暱稱爲「達夫鎮的野獸」，是慕赫很重要的特色來源。聽說要來阿裕牛肉鍋吃最好的上等溫體牛肉，有上等的肉味怎麼能不把有肉味的威士忌端出來呢？

### 04

Bowmore15 Year Old Single Malt Scotch Whisky

## 波摩 15 年單一麥芽蘇格蘭威士忌

· 搭配 ·

麻油牛骨髓、滷肉飯

啊～這麻油味兒與泥煤味超合，趕快記下來。當我將波摩 15 年放進滿嘴的麻油牛骨髓時所得到的驚艷感受。下次我吃麻油雞、麻油腰花、麻油麵線，一定都要準備一支波摩好好來玩一下。是因爲滷肉燥豐富的油脂？或許是白飯的穀物香氣？還是因爲油蔥酥炒出來的肉燥？波摩 15 年和滷肉飯配在一起，滿滿的青草香呢～

STEVEN 的

## 酒單

### 05

Koval Bourbon Single Barrel Whiskey

**科沃 美國波本威士忌**

· 搭配 ·

麻油牛骨髓、滷肉飯

在麻油的世界裡，所有的威士忌都折服了。使用全新橡木桶所熟成出來香甜的波本威士忌，遇到麻油味也化爲了繞指柔，還泛著淡淡的奶香味，好似回到母親的懷抱，重回襁褓，溫柔的像是熟睡的小嬰兒，食物也變得又細又嫩，眞是奇妙的感受。

### 06

Edradour 10 Years Old Single Malt Scotch Whisky

**艾德多爾 10 年單一麥芽蘇格蘭威士忌**

· 搭配 ·

爆漿牛肉丸、麻油牛骨髓

這座十分迷你的威士忌酒廠，到現在還堅持著古老的方式在製作威士忌，由於產量稀少，一個星期的產量也不過 10 幾桶，而且全都手工裝瓶，所以也不用期待它成爲大衆化的商品，不會有花大錢做行銷的艾德多爾，一直以來都是小衆的，靠老饕之間口耳相傳的，每一瓶都量少的很珍貴。綿密的水果蛋糕和焦糖香氣讓牛肉丸除了爆漿之外，還更鮮甜了呢。

**07**

Douglas Laing Scallywag Blended Speyside Malt
Scotch Whisky
道格拉斯蘭恩淘氣鬼蘇格蘭調和麥芽威士忌

· 搭配 ·
現燙牛肉鍋、爆漿牛肉丸

這支不能告訴你用了什麼原酒調配的威士忌，裡面卻加了許多富貴逼人的威士忌酒廠原酒，因為它用了斯貝區最強的雪莉桶風味威士忌調配在一起。道格拉斯蘭恩家族傳承了三代的獵狐犬就是「淘氣鬼」的暱稱，就像這支威士忌一樣，加了很多厲害的威士忌在裡面，看你喝得出來嗎？爆漿牛肉丸滿滿純鮮牛肉的氣味，納入適當的橡木桶風味參與，讓威士忌變甜了。

# STEVEN 的

## 酒單

### 08

#### Tamnavulin Double Cask Single Malt Scotch Whisky
### 塔木嶺雙桶單一麥芽蘇格蘭威士忌

· 搭配 ·

阿裕牛肉鍋、牛尾

塔木嶺以前曾經關廠,而造成威士忌愛好者難得一窺神秘面紗的酒廠,終於可以揭露面世了,標準斯貝區風格、溫柔細緻的果香、微微的草莓味,還有麥芽的香甜,這支酒的溫柔充分地扮演配角,沒有過度的強烈氣味讓鮮甜的溫體牛失色。我喜歡夾起牛肉放在鍋裡七上八下,約略兩分熟,那頂尖牛肉的細嫩肉味才得以完美展現,不同部位牛肉細微的差異,方能清楚如儀,而塔木嶺溫柔的陪伴恰到好處。

# 酒 單

**09**

Bruichladdich Bere Barley 2008 Single Malt Scotch Whisky

**布萊迪畢爾古代大麥 2008 單一麥芽蘇格蘭威士忌**

· 搭配 ·

阿裕牛肉鍋、烤牛舌

喝得出來威士忌大麥品種的差別嗎？我相信大部分人是喝不出來的，所以整個威士忌市場就瀰漫著使用統一商業麥芽的氛圍。吃得出溫體牛肉不同部位的口感差別嗎？我相信大部分人是不在乎的，所以阿裕願意負擔著較高的成本，堅持著不把牛肉混切在一起，而精細地把每個部位分切開來，是難能可貴的。在蘇格蘭的酒廠中，也有一家阿裕，叫做布萊迪，它嘗試著在艾雷島復育了畢爾古代大麥，因為它知道古代的大麥品種沒有那麼多的澱粉，換言之，出酒率低、成本較高，不符合經濟效益，但是卻能製造出更多美好的風味，不管你喝得出來或是喝不出來，它還是堅持著把大麥品種分出來，因為它堅信，這才是風土的美麗。

STREET FOOD

小吃

滷味 · 鹹酥雞 · 黑白切

—

# 當威士忌
# 遇上
# 台灣街頭小吃

# LOCAL DISHES

　　這塊土地的小吃攤飲食已經變成一種強大感染力的文化了，強大到國際媒體盛讚這裡是全世界最棒的美食地點，小吃文化獨特的飲食邏輯是吃好還要吃巧，讓許許多多的國外觀光客，甚至島內跨縣市的旅遊，都會把品嚐小吃當作是種文化之旅，一家吃過一家，一道接著一道，四處尋覓拜訪，而不是僅僅找一家餐廳坐下來吃飽的特殊現象。並且這些街頭美食有很強大的在地特色，像是屏東的豬腳、台南的虱目魚皮湯、浮水魚羹、蝦仁肉圓，嘉義的火雞肉飯，豐原的排骨酥麵，彰化的控肉飯，新竹的米粉湯，台北的牛肉麵，宜蘭的卜肉、糕渣，這些充滿地方特色的小吃美食，族繁不及備載，講也講不完，沒提到的只怕被別人說是偏心，在台灣，每一個人心中都有自己心愛的小吃名單，而且信念十分堅定的支持著他們所喜歡所愛的。

　　這座島嶼的小吃特色，結合了閩南、潮州、四川、香港、上海、北京、日本料理、東南亞風格，以及本土的台式海鮮，多元的風格就像是這塊島嶼的人們一樣，小吃文化在文化融合方面表現得比政治文化心胸氣度還要寬大許多。小吃攤群聚集市的習慣，多半會從一家慢慢演變成一條街都在賣小吃，加上有些店家營業時間較晚，形成夜市，彷若不夜城的美食聚落，往往變成國際觀光的重點。

我自己早期因為四處演講的奔波，養成了到每一座城市都會找當地特色的小吃來品嚐，美其名慰勞自己的辛勞，其實是忍不住嘴饞，到了每一座不熟悉的城市，如果有朋友，肯定請熟門熟路的當地人引路，來場小吃的美食之旅，至少跑 3-5 家祭祭五臟廟，甚至帶瓶威士忌，一邊吃一邊喝，好過癮。有時候，那座城市沒有認識的朋友怎麼辦呢？用手機上網查？不過現在網路上的美食專家多如牛毛，資料甚多，不知道如何選擇，介紹的美食常常會有地雷發生。別擔心，經過我自己這麼多年累積下來的經驗，我整理出一套必勝邏輯，選出美食小吃的機率無敵高，分享給大家參考。

　　台灣傳統的小吃美食發展有一定的脈絡，我喜歡那些經過時間淬鍊的食物，而不是媒體行銷出來的商家，那些有歷史的食物，在一開始一定從人群的群聚發生，足夠多的人口才能養出一家願意重視衛生、食材的新鮮度、料理美味的小吃，而有兩個地點是最容易產生有歷史的美食。一個就是傳統市場旁，另一個地方就是廟口。傳統市場和廟口是過去時代生活的重心和信仰的重心，而祭拜和果腹都跟食物離不了關係，當我有幾個小吃地點不知道如何做選擇時，多半會選擇這兩個地點旁的傳統美食，沒有失敗過，那些在台灣各鄉鎮開了數十年的知名小吃店美食，幾乎都集中在市場和廟口。這次寫書，也想把這些我們熟悉的小吃寫進來，其實它們也能和威士忌是朋友，甚至是超級好朋友！

WHISKY
&
FOOD PAIRING

( 日常小吃與威士忌的樂章 )

## 鹽酥雞（雞排、魷魚、甜不辣）

曾幾何時，鹽酥雞已經成為最受台灣人喜愛的庶民小吃，加上外送平台的發展，更是無孔不入的送進每一個人的家庭中。有人認真研究它的發源地，竟然是在我生長的故鄉台南，1970 年代有一對夫婦，白天在養雞場工作，晚上在延平夜市擺攤，沒想到只是將胡椒鹽和辣椒粉撒在切成小塊裹粉酥炸的雞塊上，配上九層塔，現在竟然成為了全台灣民眾和旅台外國友人最喜愛的在地美食。

威士忌的麥芽香氣搭配裹粉酥炸的麵皮香很棒，而且威士忌最熱愛油脂，可以消油解膩的威士忌最愛幫忙食物瘦身，再油膩的菜色，威士忌一搭配就會清爽許多，所以跟油炸的鹽酥雞很合，撒在雞肉上的椒鹽粉正是我們常在品嚐威士忌時，拿來形容的辛香料氣味，這等的天作之合，還不趕快搭搭看。

我自己平常會叫吳柏毅（Ubereats）外送鹽酥雞到家裡來，如果你酒量好，堅持純喝威士忌，也是可以搭配得不錯。不過，我更喜歡將威士忌加上冰塊和蘇打水，波本桶風格的清甜香最好，在杯子裡加入一兩片檸檬，蘇打水帶起的麥芽香，清涼解油膩的口感，加上檸檬皮油的香氣，一口鹽酥雞，一口威士忌蘇打，看著一部喜歡的電影，周末宅在家，還有什麼比這更享樂的呢？

在這裡挑了幾支代表性酒款，分別進行搭配測試，1 顆星表示難以搭配，2 顆星表示搭配上風味頗能彼此融合，3 顆星表示絕佳的搭配：

· 愛爾蘭威士忌：布什米爾 12 年★★★
· 台灣威士忌：南投 OMAR 波本花香★★★
· 印度威士忌：保羅約翰 Nirvana ★★★
· 波本桶風味蘇格蘭威士忌：格蘭冠 18 年★★★
· 泥煤風味蘇格蘭威士忌：拉佛格 10 年★★★
· 美國威士忌：美格波本★★★
· 雪莉桶風味蘇格蘭威士忌：麥卡倫 18 年★★
· 日本威士忌：響 Hibiki ★★

# 02

## 黑白切（粉腸、粉肝、嘴邊肉）

黑白切中沒有黑也沒有白，黑白在台語當中意指「隨意」，我每次到了一家麵攤或是小吃店，點完了主食，總是會在擺滿食材的櫃台邊搜尋，看看他們今天有準備什麼食材，隨意點兩樣，燙一下，上桌。有時候懶，又是熟識的店家，連看都不看，就直接請老闆切幾道小菜，因為盤小，量少，價格實惠，加上黑白切多半是邊角料，因此成就了「隨意」的庶民美食文化。

還記得有一次經過一家台南意麵小吃攤，看到透明食物櫃子裡擺出來的粉肝很不錯，於是切了兩份回家搭酒，在家裡，我喝威士忌，老婆喝香檳，一邊喝威士忌一邊吃著細嫩的粉肝，真是過癮。突然間，聽到老婆大叫一聲，她急忙的把香檳杯子推到我面前，要我試一口，我以為是香檳味道

不好，纖細的香檳總是要好好保存才能有適當的美味，結果我喝了一口香檳也大吃一驚，那天的粉肝像是對香檳下了魔法，迸發出了神祕的香水味。食物與酒搭配常常是不合邏輯的，只有把它放在生活當中，三不五時就能充滿驚喜。

在這裡挑了幾支代表性酒款，分別進行搭配測試，1 顆星表示難以搭配，2 顆星表示搭配上風味頗能彼此融合，3 顆星表示絕佳的搭配：

· 波本桶風味蘇格蘭威士忌：格蘭冠 18 年★★★
· 雪莉桶風味蘇格蘭威士忌：麥卡倫 18 年★★★
· 泥煤風味蘇格蘭威士忌：拉佛格 10 年★★★
· 愛爾蘭威士忌：布什米爾 12 年★★★
· 美國威士忌：美格波本★★★
· 日本威士忌：響 Hibiki ★★ノ
· 台灣威士忌：南投 OMAR 波本花香★★
· 印度威士忌：保羅約翰 Nirvana ★★

## 老天祿滷味（鴨翅、鴨舌、鴨胗）

西門町武昌街老天祿滷味是台北數一數二知名的滷味店，超過 50 年的歷史，過去是看電影、逛街的必備零嘴，現在網路上也能訂購，不用特別跑一趟，宅在家裡也很方便。本來好吃的老天祿只是服務著附近電影院的客人，還有口耳相傳的老饕們，沒想到它的鴨舌頭功力驚人，挑逗了不少明星的味蕾，許多的香港天王、天后藝人，每次到台灣都指定品嚐，一路紅到香港，再從香港紅回台灣，讓老天祿成了觀光景點，也成了旅遊指南的常客。

老天祿的滷味有分辣的和不辣的，因為它滷得入味十足，因此不辣的就很好吃了，不過能吃辣的人一定要點辣的，辣味也是美味的催化劑，讓食物變的更不平凡了。我自己在家常常會訂上幾包，這個星期會吃，放冷藏，過一陣子吃，放冷凍，搭威士忌非常過癮，特別是有辣味的。由於滷味味濃，所以我多半加冰塊搭配，不加蘇打水，慢慢喝，慢慢用舌尖對付鴨子的舌頭。

在這裡挑了幾支代表性酒款，分別進行搭配測試，1 顆星表示難以搭配，2 顆星表示搭配上風味頗能彼此融合，3 顆星表示絕佳的搭配：

· 雪莉桶風味蘇格蘭威士忌：麥卡倫 18 年★★★
· 美國威士忌：美格波本★★★
· 印度威士忌：保羅約翰 Nirvana ★★★
· 泥煤風味蘇格蘭威士忌：拉佛格 10 年★★ノ
· 日本威士忌：響 Hibiki ★★ノ
· 愛爾蘭威士忌：布什米爾 12 年★★ノ
· 台灣威士忌：南投 OMAR 波本花香★★ノ
· 波本桶風味蘇格蘭威士忌：格蘭冠 18 年★★

YAKINIKU

頂級燒肉

老乾杯

—

當威士忌
遇上
日式燒肉始祖

　　乾杯集團的老闆平出莊司是位台日混血兒，在他年輕的時候來台北開了一家日式燒肉店，那時候我身邊的朋友都喜歡去乾杯吃飯喝酒，因為那裏的氣氛特別好，那時候的乾杯也只有一家店，還不是一個餐飲集團。我記得當時朋友們都趕著在晚餐一開始就擠進乾杯，因為他們有好吃的限量烤牛肉飯，價錢低到眼珠會掉下來，通常店一開，人就擠進來爆滿，然後牛肉飯也被點光，5 分鐘秒殺。還有到了晚上 8 點時，他們有個「8 點乾杯」儀式，我想這也是店名的由來，只要把你手上的那杯酒乾掉，老闆就幫你再裝滿一杯同樣的酒。時間晚一點時，還會玩「親親牛五花」的小遊戲，你如果願意同樂，老闆就請你吃一盤牛五花。正是這些厲害的行銷技巧，以及好吃的食物，讓第一家乾杯每晚至少爆滿 3 輪。

## 專屬熟男熟女們的頂級燒肉體驗

　　老乾杯算是台北頂級燒肉店的始祖，乾杯集團為了讓熟男熟女們可以更加自在地享受燒肉與酒食滋味，而成立了這個頂級燒肉品牌。這幾年，高級和牛料理大行其道，老乾杯也引進和牛燒肉，他們所挑選的和牛等級無論是牛隻產地、牛肉部位、油花分佈、脂肪色澤、緊實度與肉質紋理都是極上嚴選。面對口味更加挑剔的老饕們，除了提供日本和牛，還有高品質的澳洲和牛，就像是我們在日本的高級和牛料理店用餐一樣地講究。

## 運用時間熟成，讓牛肉風味更足

　　除了選材，這裡的牛肉在上桌前都需要經過一番時間賦予的深邃滋味，冷藏靜置下慢慢熟成 40 天，再運用不同的切割方式，讓肉的鮮美提升到最佳的好吃狀態。當服務人員在每桌用餐者面前悉心燒烤牛肉時，還一邊協助我們認識食材的樣貌，並給予最適合的料理手法，看那肉汁滿溢地滋滋作響、香氣瞬間四溢，實在引人食慾！

　　除了乾杯集團親切的服務和創新的美味，他們最重要的設定就是將頂級的餐酒搭也實現在日式燒肉當中。在這本書的採訪當中，老乾杯派出他們的專業侍酒師全程在一旁，與我細細分享他們以葡萄酒和日本清酒搭配燒肉的祕密，也同時與我討論著未來如何建立頂級燒肉與威士忌搭餐的消費者經驗。在這麼多不同的餐飲業之中，老乾杯是難得少數擁有自己專業侍酒師服務的餐廳，特別是在燒肉的領域，能給用餐者如此頂尖的餐飲經驗，它肯定是第一位了！

**Info.**

老乾杯・台北市信義區松壽路 9 號 8 樓（新光三越 A9 館）｜ 02-2725-3311

## WHISKY & FOOD PAIRING

( 頂級燒肉與威士忌的樂章 )

### 老乾杯和牛鴨肝壽司

我們很容易從一般的燒肉店所販售商品的價格，來了解他們所準備食材的等級，反過來看，頂級燒肉店就看店裡準備了什麼樣的食材。老乾杯除了日式燒肉，也幫消費者準備了壽司，這貫和牛鴨肝壽司用了 A5 等級日本和牛的紐約客烤炙 3-5 分熟，再捏上匈牙利鴨肝，松露醬汁，以及用北海道七星米做的醋飯，滑嫩的鴨肝與松露的香氣，配上炙燒過那油脂豐厚的牛肉，交織出馥郁飽滿的迷人香氣。這道菜如果出現在頂級的日本壽司店，就顯得過度華麗，不夠纖細之美，不過，出現在燒肉店，就顯得美好而充滿細節。

## 02

### 老乾杯限定熟成冷藏牛舌

懂得吃牛肉不稀奇，懂得欣賞牛舌的美味，
那就是老饕了。這道厚切冷藏熟成的牛舌，
用的是 1 頭牛只能切出 15 片的舌後根部
位，口感厚實，Q 中帶嫩，僅僅用鹽花和
檸檬汁簡單的調味，輕輕炙烤，就很美味，
吃起來彷彿有彈牙的脆感，鮮甜多汁，牛
舌絕對是牛肉最性感的部位，豐富的油花
讓我們的腎上腺素都上來了，留在口裡的
醇香，更勝法式香吻。

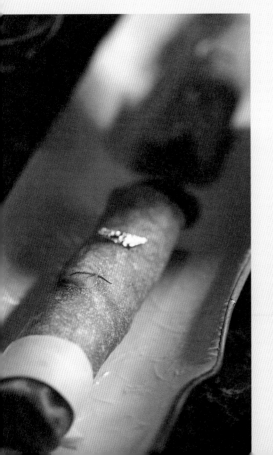

## 03

### 和牛炸春捲

春捲有什麼稀奇？以日本和牛和澳洲和牛做爲春捲
內餡，這就十分豪華，讓人垂涎欲滴了。將牛筋與牛
肚和番茄燉煮，煮出來的高湯，放入冰箱結凍，再用
春捲皮手工包製而成，炸到表面金黃酥脆後，再搭松
露番茄醬，趁熱吃，在口中爆漿出滿滿的松露香氣以
及和牛的滋味。入口時爽口怡人，卻沒想到因爲濃郁
的和牛香氣，與重口味的威士忌搭配更合。

# 04

## GETA 牛五花

到燒肉店點的牛肉太瘦，吃起來的口感容易顯柴，而點了油脂飽滿、油花細緻最上等的和牛，雖然香氣逼人，入口卽化，但是少了咀嚼的口感，而牛五花肉是我認爲最平衡的部位，油脂多、烤起來很香，吃起來又有口感。老乾杯使用了澳洲和牛在肋骨與肋骨之間的肉，切下來的形狀有點像是木屐，所以稱爲木屐五花（GETA），這塊肉有強大的油脂，加上老乾杯自家特製的醬料醃漬，濃郁而入味，吃起來很過癮。

### 西班牙伊比利豬 Bellota 豬肋條

這伊比利豬應該算是不吃牛肉的人的天菜了。伊比利豬有著世界上最好吃的豬肉美稱，生長於西班牙南部，採用野生放牧，以食用香草、橄欖維生，進入肥育期時，也正是橡實盛產的季節，這時會大量的食用橡實。豬肉擁有大理石般的油花，橡實般的芳香，在炙烤時更是香氣四溢，以極簡單的鹽花調味，就擁有與最頂尖的牛肉比肩的美味了，真的不是一般豬肉可以比擬的。

05

# 酒 單

## 01

### Glen Grant 18 Year Old Single Malt Scotch Whisky
### 格蘭冠 18 年單一麥芽蘇格蘭威士忌

· 搭配 ·

老乾杯限定熟成冷藏牛舌、和牛炸春捲

前幾年去了蘇格蘭斯貝區的路思鎮參觀格蘭冠酒廠，整座酒廠就像是花園一般，正符合酒廠的特色，以極乾淨的酒質、波本桶的陳年，做出花香調和香草調性的細緻威士忌，這家酒廠低年份的威士忌就很美，喝起來像是在嘴裡開了朵橙花，18 年的調性一樣，從幾朵花變成了開滿了整棵樹的花朵般，純喝就已經美極了，吃完牛肉料理，再喝一口威士忌，與油脂溶在一起，像香水的氣味一般美麗。

## 02

### Macallan 18 Year Old Single Malt Scotch Whisky
### 麥卡倫 18 年單一麥芽蘇格蘭威士忌

· 搭配 ·

老乾杯限定熟成冷藏牛舌、GETA 牛五花

雪莉桶風味好適合搭食物，不管是先喝了再吃，還是吃了再喝，都很不錯。麥卡倫這家酒廠有最嚴謹的雪莉桶的橡木桶管理，橡樹要種植至少 100 年才能砍伐，裁切後的橡木條需要在自然環境中風化數年，將木材刺鼻的氣味代謝掉，再拿來箍桶於西班牙注入雪莉酒潤桶數年，最後才運到蘇格蘭用來陳年威士忌，一支 18 年的威士忌，至少要經過 125 年以上的等待，用這樣的心情喝酒，威士忌更能感動人心。

# 酒 單

### 03

**Bowmore18 Year Old Single Malt Scotch Whisky**

## 波摩 18 年單一麥芽蘇格蘭威士忌

· 搭配 ·

老乾杯限定熟成冷藏牛舌、和牛炸春捲

用泥煤味來搭食物總是讓人驚豔，波摩 18 年重雪莉的木質調和牛肉油脂的搭配，竟然在口中爆出了百香果的果香，滿滿熱帶水果風味，而泥煤煙燻的氣味跟烤牛舌實在太合，春捲皮酥脆的麵香也超合，濃濃的燻肉感，下一次中秋節烤肉聚會一定要帶支波摩。

---

### 04

**Gordon & MacPhail– Highland Park 2002**
**Single Malt Scotch Whisky**

## 高登麥克菲爾 - 高原騎士 2002 年單一麥芽蘇格蘭威士忌

· 搭配 ·

和牛炸春捲、老乾杯和牛鴨肝壽司

像這樣高達 57.9% 原桶強度的威士忌到底要不要加水呢？不加水對老饕來說酒精濃度好強好過癮，但是其實加了水之後，威士忌的香氣和口感的層次才會展開來，原桶強度裝瓶的原意不是鼓勵你純喝，而是把決定要加多少水的自由還給你。這支獨立裝瓶廠的高原騎士加了水，花蜜香甜才會跑出來，拿來搭牛肉的油脂，就會甜上加甜，威士忌中淡淡的煙燻味對餐搭也是絕佳的畫龍點睛。

# STEVEN 的 酒單

## 05

### Whistle Pig 10 Year Old Rye Whiskey
### 口哨豬 10 年美國裸麥威士忌

**· 搭配 ·**

GETA 牛五花、和牛炸春捲

我身邊有兩種朋友，一種人喜歡淡雅的美，他們多半喜歡蘇格蘭威士忌，即使強如泥煤味也能接受，因爲那不是艷麗，是種冷靜的強勁。另一種人喜歡濃郁的美麗，他們一聞到美國威士忌，就喜歡上那如香水的豔麗，即使是蘇格蘭威士忌，他們都挑橡木桶味重、顏色較深的。蘇格蘭威士忌孤傲，比較挑朋友，也挑食物。美國威士忌比較熱情甜蜜，很容易跟食物交歡，就算感覺太烈，加點蘇打水，也很快打成一片。

## 06

### Glenfarclas 25 Years Old Single Malt Scotch Whisky
### 格蘭花格 25 年單一麥芽蘇格蘭威士忌

**· 搭配 ·**

西班牙伊比利豬 Bellota 豬肋條

經過 25 年在橡木桶歲月的緩慢熟成，這支威士忌已經去掉了麥芽酒的火氣，聞起來像是胭脂花粉的氣味，喝起來都是細緻的熱帶水果味，看著那如雪花般油脂的伊比利豬肋條在那火中翻滾，ㄘㄘ作響，當完美的炙燒，放進嘴裡肉汁四溢時，澆進格蘭花格的老酒，彷彿幫燒肉上了水果味的醬汁，相當美好而奇妙的感受。

**07**

Royal Salute 23 Year Old Blended Scotch Whisky

皇家禮炮 23 年調和式威士忌

· 搭配 ·

西班牙伊比利豬 Bellota 豬肋條、GETA 牛五花

下一次吃上等的燒肉時，肯定要端出老酒來搭配，這次老酒搭燒肉的經驗相當好。這支皇家禮炮台灣限定版 23 年，以東方美人茶香和熱帶水果風味做為發想，所調配出來的頂尖威士忌，口感相當平衡優雅，尾韻相當複雜，然而，它恰如其分地襯托出肉質的香氣和飽滿的口感，不逾矩，不張揚，卻讓人更想一口接著一口喝酒吃肉，不亦快哉！

**08**

Glenfiddich 21 Year Old Single Malt Scotch Whisky

格蘭菲迪 21 年單一麥芽蘇格蘭威士忌

· 搭配 ·

西班牙伊比利豬 Bellota 豬肋條、GETA 牛五花

格蘭菲迪 21 年是知名的用加勒比海的蘭姆酒桶換桶後熟的威士忌，蘭姆酒的原料是甘蔗，或是用甘蔗製糖的副原料糖蜜來製成，相對威士忌來說，蘭姆酒有更直白的甜味，以及帶著亞熱帶的水果香，因此用蘭姆酒風味桶來製作威士忌，也會帶著些許的蘭姆酒特徵，如此的甜香感也更適合搭配食物，燒肉融合甜香，嚐起來甜蜜蜜。

# 酒單

**09**

Royal Salute 21 Year Old Blended Scotch Whisky

皇家禮炮 21 年調和式威士忌

· 搭配 ·

老乾杯和牛鴨肝壽司、西班牙伊比利豬 Bellota 豬肋條

這支當初是爲了英國女王伊莉莎白二世登基所推出的酒款，靈感來自皇室特殊場合上鳴 21 響禮炮致敬的傳統儀式，這些年皇家禮炮不斷的轉型，開始跨領域與不同的藝術家合作，豐富威士忌的調和藝術。最近與愛馬仕的調香師合作創作出新的皇家禮炮 21 年華麗轉身，有更飽滿充沛的香氣，在這次與食物的搭配中更顯傑出，像是美食的化妝師，香氣與口感更具美感的平衡。

---

**10**

The Balvenie Caribbean Cask 14 Years Old
Single Malt Scotch Whisky

百富加勒比海蘭姆桶 14 年單一麥芽蘇格蘭威士忌

· 搭配 ·

老乾杯和牛鴨肝壽司、GETA 牛五花

我待在法國的日子，特別喜歡他們的鵝肝或鴨肝，不管是午餐還是晚餐，只要餐廳有，我彷彿吃不膩地用力增加自己的膽固醇，在法國，我會幫自己點杯當地的甜酒，搭配肝醬。當然這道壽司裡的鴨肝沒有法國肝醬那麼濃郁，同樣的威士忌的甜味也沒有甜葡萄酒那麼的甜膩，似乎是很好的平衡，百富蘭姆酒桶的換桶熟成多了一股甜味，這樣搭配下來的美妙，啊～又讓我懷念起了法國。

**11**

## Kavalan Distillery Select No. 2 Single Malt Taiwanese Whisky
### 噶瑪蘭珍選 No. 2 單一麥芽台灣威士忌

· 搭配 ·

GETA 牛五花、和牛炸春捲

台灣亞熱帶的熟成，讓這支威士忌香氣十分濃豔，香氣彷彿是輕熟女在指甲片塗上蔻丹，以及鳳梨果醬的成熟氣味，入口非常清楚的椰子糖的味道，上一次我一邊看書一邊加冰塊喝這支威士忌，老婆經過，順手拿起來喝了一口，覺得如蜂蜜般的香甜，好喝極了，後來我又幫她多倒了一杯。這支加了冰塊搭食物簡直無敵，特別是對上和牛厚實的油脂，強對強，一點也不含糊。

# THE SPICE SHOP

「食物不是枯燥乏味的婚姻，而是活力四射的戀情。」

　　丹尼爾是來自印度的客家華僑，來台讀書的他原來擅長客家菜，後來身邊的朋友鼓動他，說台北沒有好吃的印度菜，在廚房待了 25 年的他，才在天母開了香料屋，當時台北天母還沒有專門的印度料理餐廳，沒想到一開就是 18 年。他算是印度菜的先驅，近年台北的印度菜餐廳已經有 3、40 家之多。

## 烹調創意源源不絕，美味不設限

　　主廚丹尼爾不喜歡墨守成規，好像印度菜就只有約定俗成的模樣，他喜歡以印度菜作為主軸，做出創意的調整，有時在外面其他餐廳吃到讓他十分感動的食物，他的腦子就會轉動起來，想著用印度料理的手段，保留感動的部分，加入合適的香料，就脫胎換骨成自己的拿手好菜。就像香料屋的名菜－窯烤小牛肋排，丹尼爾說這道印度菜是全世界都沒有的，是他創意的發想，將小牛肋排細嫩的肉質完美的展現，加上他自己獨到的印度香料，沒想到，成了這家餐廳賣最好的名菜。

## 調配香料就像指揮一首協奏曲

每天在廚房裡和印度香料相處，丹尼爾對香料的烹調詮釋是因材施教，例如不同的肉類得選擇對應其味道的香料，像牛肉、羊肉等等都不一樣，唯有懂得風味的真諦，才能讓料理成品的味道變得和諧美味。

就像在印度的每個家庭都有著自己的專屬咖哩配方，主廚在開這間餐廳之際研究自家咖哩時，也是將各種香料組合不斷試了又試，最終調出最協調或合適的比例，甚至練就出用肉眼一看咖哩色澤和濃度，就能知道那鍋配料是否是他最滿意的搭配，並期許自己帶給用餐者味蕾上的火花撞擊。

之前我為了研究印度威士忌，曾去了一趟印度，這趟旅行打破了我過去對印度料理過分制式的價值觀念，印度料理不是一般人直接聯想到的咖哩而已，他們是非常擅長使用各式辛香料的民族，加上整個國家幅員廣大，各地印度菜色也各具風格。在歷史上，因為歐洲的殖民政策與貿易線路的拓展，香料的採購多數在印度集散，再分散到歐亞各個國家販賣，因此印度菜的風格也逐漸影響了全球的烹飪觀念。

丹尼爾跟我說，其實大部分的印度菜是不辣的，咖哩和辛辣是對印度料理的偏見，與其說辣，不如說印度料理是熱情的，在那塊炎熱的大陸上，人們擅長使用辛香料幫食物點石成金的化妝術，讓印度食物華麗的香氣在味蕾上翩翩起舞。

---

**Info.**

香料屋·台北市士林區天母東路 50 巷 10 弄 6 號 | 02-2873-7775

（ 北印度料理與威士忌的樂章 ）

## 01

### 南印蟹餅

傳統的印度菜就有印度炸餅這道菜，裡面就是包馬鈴薯、蔬菜、羊肉或是豬肉，由於傳統印度料理不太容易見到海鮮，主廚丹尼爾就發揮創意把肉類換成蟹肉做成炸餅，裡面有蟹肉、馬鈴薯，再摻和香料，裡面比較特殊的香料有芥末籽和丹尼爾自家種的咖哩葉，先炒過，捏成餅後裹麵包粉炸成餅。

前幾年一部有名的印度電影《我的冠軍女兒》當中也有出現印度炸餅的街頭小吃 Pani Puri 的鏡頭，但不像香料屋的南印蟹餅這麼豪華，只是像個乒乓球的炸餅，中空塞入有許多香料的馬鈴薯泥，再淋上香料辣汁，也是很過癮。

02

**坦都里烤雞腿**

印度菜中有一道經典名菜叫做「坦都里烤雞」，全世界的人都認識這道印度菜，是印度的招牌菜，幾乎是每一家印度餐廳會有的料理，把各式香料融進雞肉裡再拿去烤，要烤得又香又多汁才是正點。丹尼爾說：「傳統的印度甕叫做坦都里，所以使用甕去烤出來的雞肉就叫坦都里烤雞。」香料屋用的是雞腿肉，整支雞腿紅紅的顏色是因爲使用了高山辣椒粉，其中加了 10 幾種香料，醃漬時加了優格讓肉質更鮮嫩。手捏著雞腿，一口咬下，這樣充滿辛香料氣味的雞肉，有著滿滿的異國風情。

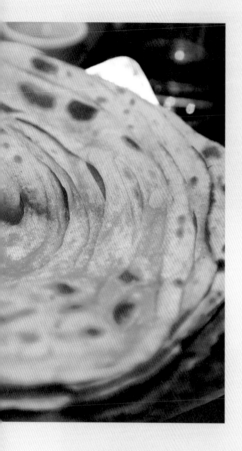

03

## 克什米爾羊肉咖哩

上桌時，熱騰騰的窯烤蒜香烤餅，加上香氣撲鼻的羊肉咖哩，哇！好懷念這個味道，自從上次去印度時，每天都要吃這樣的料理，早餐在飯店吃，中餐在雅沐特威士忌酒廠吃，晚餐拜訪酒廠的全球品牌大使的新家，我們繼續吃，回台北時，飛機才剛離地起飛，我就忍不住開始想念起那渾身都是香料氣味的食物了。

主廚丹尼爾說：「雖然肉類煮各式香料咖哩配烤餅，比較容易在一般的印度餐廳看到，不過這道名為克什米爾羊肉咖哩是有學問的，因為克什米爾的高山上不容易找到新鮮的材料，所以辛香料都以乾粉狀態保持，像是高山辣椒粉、薑粉、茴香、小茴香、黃薑，用的都是高山上取得的原料，才能以克什米爾為名。而羊肉的部分，由於外國人喜歡柴一點的口感，所以使用羊腿，我們香料屋使用羊膝，讓羊肉有筋、有油脂、肉質軟嫩、口感有層次。」

## 窯烤小牛肋排

這道菜是丹尼爾的獨門絕活,使用還在吃奶的小牛,所以吃起來肉質鮮嫩,堅持著材料好就不用多餘的添加物使用,讓真正懂吃的人,一試就吃得出來。這道香料的處理不可以太重,為了讓肉質的原味展現,香料只使用了豆蔻粉、胡椒粉,加了一點腰果,讓香料能把肉包覆起來。

主廚丹尼爾的菜主要是北印度料理,偏回教風格,使用比較多牛奶、優格,吃起來比較舒服柔順;而香料的使用上,取其香,而不是取其辣,口味重不是重辣到蓋住食物的風味,才叫好吃。就像威士忌一樣,橡木桶的陳年很重要,但不是陳年到壓抑住了麥芽原酒的風格,才叫好威士忌。平衡最重要,食物是,威士忌也是。

# 酒 單

### 01
#### Paul John Brilliance Single Malt  Indian Whisky
#### 保羅約翰 Brilliance 單一麥芽印度威士忌

· 搭配 ·
南印蟹餅、克什米爾羊肉

許多酒友堅稱他們都能在印度威士忌中嗅聞到咖哩味，彷彿這是種天生的宿命，從那塊土地長出來的食物，甚至人，現在多了一個威士忌，嗅聞起來都有咖哩味。當然，我們知道保羅約翰100% 與蘇格蘭威士忌同樣的製程，原料只有麥芽、水、酵母菌，沒有咖哩。這個酒友喜歡開的玩笑，在威士忌搭餐時，竟然成了絕佳的優勢，威士忌當中淡淡的辛香料味和奶香，和印度菜絕配，這也算是地菜配地酒的觀念啊！

### 02
#### Douglas Laing Big Peat Blended Islay Malt Scotch Whisky
#### 道格拉斯蘭恩泥煤哥調和麥芽蘇格蘭威士忌

· 搭配 ·
南印蟹餅、克什米爾羊肉

蘇格蘭艾雷島的泥煤味獨樹一格，而住在艾雷島那座島嶼的人們會喜歡什麼樣的食物呢？記得多年前我第一次自助行上艾雷島那塊土地，到了晚餐時間，想找間餐廳吃飯，問了我住的 B&B 主人，他說附近最好吃的食物是家印度餐廳，這個答案讓我大吃一驚，當地人沒有推薦我在地的食物，而是家遠渡重洋來此的印度風味餐廳，當然食物沒有讓我失望，我也試著用泥煤炭味威士忌與之搭配，相當好，後來用泥煤炭風味搭印度料理就成為了我的餐搭手段之一。

**03**

## Deanston 12 Year Old Single Malt Scotch Whisky
### 汀士頓 12 年單一麥芽蘇格蘭威士忌

· 搭配 ·
南印蟹餅、坦都里烤雞腿

重雪莉風味威士忌，帶著乾燥水果和巧克力、胡椒、肉桂等辛香料的氣味，拿來搭印度料理好像沒有什麼好讓人懷疑的，炸蟹餅本身就下了很精彩的細緻辛香，與這支汀士頓的雪莉桶氣味融合得恰到好處，特別迷人的是尾韻殘留在嘴裡奔放的奶油香味。

**04**

## Suntory Chita Single Grain Japanese Whisky
### 三得利知多單一穀物日本威士忌

· 搭配 ·
坦都里烤雞腿、窯烤小牛肋排

主廚丹尼爾自己喜歡用葡萄酒搭印度料理，在他的餐廳，他會選擇甜一點的葡萄酒來搭配，跟著他的思緒，我也找了甜感較重的知多單一穀類威士忌來搭配，穀類威士忌口感輕盈、香氣旺盛、口感微甜，適口性很高，我自己在喝穀類威士忌時，喜歡加一顆大冰塊進去，甜度的展現會更明顯，加點蘇打水很不錯，搭細緻辛香料滋味的印度料理也不錯。

# 酒 單

## 05

### Talisker 10 Year Old Single Malt Scotch Whiskyy
### 泰斯卡 10 年單一麥芽蘇格蘭威士忌

· 搭配 ·

坦都里烤雞腿、克什米爾羊肉

我喜歡泰斯卡不會過重的泥煤炭味，卻平衡著胡椒和火燒的灼熱感，在入喉時，一般威士忌的尾韻是慢慢減弱，而泰斯卡卻像是著了魔的愛人，越來越熾烈，所以我會稱它為「烈火情人」，特別是泰斯卡 10 年個性表現地格外鮮明。那威士忌中的胡椒味可以說是料理的調味，而如此火熱的情感呢，或許可以加顆冰塊來降降火氣，食物與威士忌之間的愛情才能走得長長久久。

## 06

### Bunnahabhain 12 Year Old Single Malt Scotch Whisky
### 布納哈本 12 年單一麥芽蘇格蘭威士忌

· 搭配 ·

坦都里烤雞腿、南印蟹餅

座落在艾雷島的北方，人們稱之為「老船長」的布納哈本酒廠，反而是比較沒有生產艾雷島強烈泥煤味特徵的威士忌，使用許多雪莉桶的熟成，刻意保留海島風格裡特有的鹹味，核心酒款會避開會有消毒水般的泥煤炭使用，只有限量版當中偶有泥煤佳作。這支 12 年的威士忌有強烈的雪莉桶風格，與窯烤雞腿互搭，跑出了奶香，卻降低了木質調，讓威士忌喝起來更順口，相當適合搭配印度料理。

# 酒單

## 07

### Wild Turkey 101 Bourbon Whiskey
### 野火雞 101 美國波本威士忌

· 搭配 ·
窯烤小牛肋排、克什米爾羊肉

正如同主廚丹尼爾所說，來到香料屋的客人想要用葡萄酒搭印度菜，它會介紹口感稍微甜一點的葡萄酒，因爲適當的甜味和印度菜的辛香料味彼此配起來剛剛好。美國波本威士忌的野火雞，用玉米作爲原料，在品嚐的過程就會帶著些許的甜味，比蘇格蘭威士忌甜一點，入口除了香氣四溢，還有淡淡奶香，眞的如主廚所說，那甜味融進去了食物，十分美好。

## 08

### Glen Scotia Double Cask Single Malt Scotch Whisky
### 格蘭帝雙桶單一麥芽蘇格蘭威士忌

· 搭配 ·
窯烤小牛肋排、坦都里烤雞腿

每次品嚐來自蘇格蘭坎培爾鎭的格蘭帝，總是嗅聞到它有一股特殊淡雅的寂寥煙燻味，還有種淡淡的青草地香，及抽象的堅硬礦石感，會不會這就是這塊已經沒落的產區特有的氣味呢？就像我曾經喝過一瓶來自巴爾幹半島的葡萄酒，覺得瓶子裡滿滿的煙硝味，因爲它正是歐洲的火藥庫所在，而長年戰爭的煙硝味透過土地悄悄地溜進了葡萄藤裡？不管如何，這種特殊的煙燻味，跟窯烤出來的食物眞是氣味相合啊！

**09**

## Kavalan Classic Single Malt Taiwanese Whisky
### 噶瑪蘭經典單一麥芽台灣威士忌

· 搭配 ·

克什米爾羊肉、坦都里烤雞腿

印度料理把香料和羊肉一起煮得十分入味，烤餅的濃濃蒜香也很迷人，台灣威士忌快速熟成的風土，讓威士忌的香氣特別旺盛，跟香氣十足的印度料理很搭。我喝了一口噶瑪蘭，急忙的用兩手撕著烤餅想塞進嘴裡，想著蒜香應該搭起來很合。丹尼爾用嚴肅的口吻阻止了我：「在印度，右手用來吃飯，左手是用來上廁所，是不能搞混的。」所以要我練習一隻手撕餅。我一臉訝然的看著他，看我被騙了，他才轉瞋為笑。結果，我真的練習了一下子用單手撕餅，困難極了，印度人有練過，不是開玩笑的，哈～

# 當威士忌
# 遇上
# 法式巧克力

# YU CHOCOLATIER

　　認識畬室法式巧克力的老闆鄭畬軒已經好多年了，剛認識他時，他是一位透過自學甘納許（Ganache）來找到巧克力與鮮奶油平衡的大學生，他第一次將威士忌和巧克力融合的嘗試，是我邀請他使用日本山崎單一麥芽威士忌配製巧克力的威士忌品酒會。品酒會後沒多久，他就負笈前往法國學習巧克力的製作，在巴黎歷經了米其林三星餐廳的淬鍊，以及完成知名的巧克力甜點名店的實習，並且嚐遍了所有巧克力大師的作品後，回到台北，開了他自己第一家的巧克力店－畬室。

## 能同時享受巧克力與烈酒魅力的專門店

　　畬室是一家專注在巧克力本味的甜點店，做許多台灣比較少見的法式夾心巧克力，甜點也是以巧克力作為基底來變化，在早期年輕自學巧克力時，看過一位巧克力大師的文章，曾經提到巧克力裡面加一點點的烈酒，能對巧克力的風味產生無窮的變化。原來沒有喝烈酒習慣的畬軒主廚，為了學習，才有了初次嘗試烈酒的經驗，現在到畬室這家店，跟其他的甜點店最大的不一樣，櫃子上會擺上一些他自己精挑細選過的白蘭地、蘭姆酒、威士忌，和巧克力一起搭配，讓大家感受兩者搭配在一起的魅力。

在法國的時候主修法式甜點，因為過去自學時走的就是法式的系統，才會選擇法國作為進修的目的地，當今，在世界上能將夾心巧克力做得最精緻、最有深度的國家就是法國，他們對細節的重視就像對待葡萄酒一樣，也非常刁鑽地對待巧克力，講究不同的品種、不同的製法，也講究每個產地的獨特性與多元性，加上他們的甜點有非常深厚的傳統，讓巧克力做出來很不一樣。在法國學習的那段經驗帶給畬軒很大的影響，他當時日復一日品嚐過當地許多位一流大師的巧克力作品，也因此對於味道的想像獲得了很大的啟發，也讓他更加熱衷研究巧克力的各種可能，那時得到的反饋是很巨大的。

2016 年他首度參加世界巧克力大賽（International Chocolate Awards），就拿下了一銀一銅的大獎，隔年更拿下四銀一銅，展露頭角，也因此他受邀至世界知名的倫敦和巴黎的巧克力大展，這是第一個在世界巧克力大賽獲獎的台灣品牌，也是目前唯一由巴黎巧克力大展主辦單位主動邀請參加的台灣品牌。現在畬室的新計畫，是將反攻法國，回到巴黎開設他的巧克力分店。

---

**Info.**

Yu Chocolatier 畬室法式巧克力甜點創作‧
台北市大安區仁愛路四段 112 巷 3 弄 10 號 | 02-2701-0792

( 巧克力、甜點與威士忌的樂章 )

01

## 法式熱巧克力

一杯熱巧克力能做什麼事呢？喝一杯這裡的熱巧克力可以直接帶著你的味蕾乘著回憶回到朝思暮想的巴黎。

運用多種不同的巧克力種類，現煮融合，上桌時，自鍋中倒進杯裡，隨著那濃稠絲滑的滾燙液體在杯子打轉，香氣也跟著旋轉了起來。因著我的任性，把威士忌倒進巧克力當中，濺起了焦糖奶油的氣味，我也瞬間從巴黎飛到了愛丁堡。

## 02

### 金桔茉莉

這款甜點顧名思義就是用金桔和茉莉花去做風味調性的組合，最外面的那層是白色巧克力，一般我們想到白巧克力就會聯想很甜膩很牛奶的感覺，但是那層白巧克力用了現代甜點很流行的手段，加入了水果粉和可可脂，製造出極濃郁的百香果氣味，卻不甜膩，再包裹茉莉花和金桔的果凍，和削了綠檸檬皮進去的奶油，添加清爽度，中間有芒果的慕斯，最下一層是綠檸檬的蛋糕。一把叉子下去，讓精心設計的巧克力甜點每一層風味都不缺，一起融化在嘴裡，升了天的酸甜美麗。

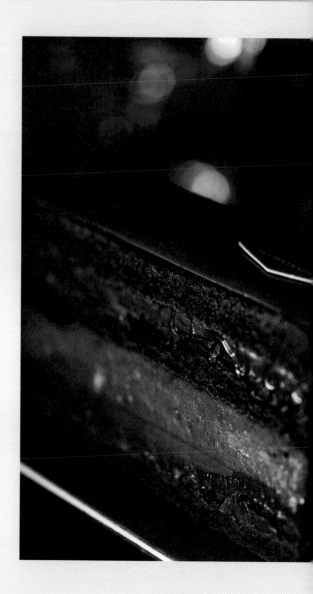

# 03

## 若水

「威士忌似水非水，卻也源於水。與巧克力相同。美得無形而隨興，卻是點滴細節，匯流而成的集合。」──畚室主廚鄭畚軒。

這是一款巧克力蛋糕，扎實又綿密，卻仍帶著濕潤的口感，吃得出來多層次複雜的口感，蛋糕裡面使用了多種調性迥異的巧克力，有著煙燻味、炭燒味、龍眼乾的氣味，還有很棒又平衡的酸度。蛋糕的秘密武器是在表面刷上來自艾雷島的樂加維林 16 年單一麥芽威士忌，如此的味道，讓口感和氣味都非常突出，不僅徹底釋放泥煤威士忌特有的燻香，又保有很棒的蛋糕主體口感。

## 巧克力千層派

這塊巧克力酥皮千層，不知道爲何？總是讓我聯想到走在巴黎街頭那昂首自若的法國女人，法式千層派是種看似簡單又很困難的甜點，僅僅由派皮和內餡組合而成，卻是千變萬化，重點是口感的精巧和平衡。這道甜點用了 5 種不同產地的可可豆所製作的巧克力內餡，口感十分軟嫩又豐富飽滿，而那一層層的酥皮，爽脆的無以復加，吃在嘴裡，有種陰與陽的交和，也像是在口中放了煙花，複雜的巧克力風味如同夜空中華麗的煙火，而那咬下酥皮的一霎那，就像許多微型爆竹在嘴裡爭先恐後地炸開來。

# 05

## 法式夾心巧克力

主廚畬軒跟我解釋什麼是法式夾心巧克力，就是裡外兩層，裡面是甘納許，外面是巧克力薄皮，如此而已。不過，這樣簡單的解釋似乎不能夠描述將畬室的巧克力放進嘴裡感動的萬分之一，因為這個男人創造了全台北最顛峰的巧克力口感。他對巧克力充滿著熱誠，不斷地努力，加上還有最難得的味覺天份，讓他的巧克力就算是跟法國巴黎第一流巧克力大師的作品放在一起，毫不遜色。加上他豐富的想像力，不拘泥於歐洲主流的氣味而已，將台灣特色風味融進巧克力中，用他敏銳的創作力，讓如此在地的味道和巧克力毫無違和感。

【辣椒香草】
光聽名字就十分具有衝突感，我選擇它的原因是因為許多威士忌中一樣同時具有辣味和香草氣息，這款法式夾心巧克力應該可以跟威士忌做好朋友，先別說搭配威士忌了，巧克力才一入口，如此溫軟又讓人酥麻的味道，就讓我愛上它了。

【雪莉桂圓】
雪莉桂圓這款巧克力的發想，正是來自主廚畬軒品飲雪莉桶威士忌時，發現這個味道很適合跟台灣的桂圓乾結合，這樣出奇不意的創作，是因為他從來沒有先入為主的想法，自由思考的花園才能容納不同花朵的開展。「味覺是很直覺的體驗。」畬軒覺得讓自己的味覺跟著巧克力一起探險，是一件美好的事情。

【焦糖醬油】
我最喜歡提到威士忌搭配台式食物優於葡萄酒，很重要的原因就是醬油味，我們習以為常的醬油和葡萄酒結合會留下滿嘴的鐵銹味。而威士忌和醬油醇化的鹹香簡直天作之合，本來一些靠海的酒廠就生產著讓人迷惑帶著鹹鹹海風味的威士忌，而焦糖氣味正是烘烤過的橡木桶帶給威士忌的美好。這塊巧克力鹹鹹甜甜的美好十分迷人。

## STEVEN 的

# 酒單

### 01

#### Hibiki blended Japnese Whisky

#### 響 調和式日本威士忌

· 搭配 ·

金桔茉莉、焦糖醬油法式夾心巧克力

響的創作者首席調酒師－福與伸二先生對於威士忌調配的中心思想就是：細節的平衡。以山崎、白州和知多調配出來的「響 Hibiki」是整個集團調和威士忌的旗艦版本，我還記得有一年英國威士忌雜誌的評鑑，全球最佳調和威士忌高年份、中年份、低年份名列榜上的冠軍全都是響，高年份的響 30 年還連續多次拿到冠軍，不再出賽，改派響 21 年出征，仍然拿到世界冠軍。這支響聞起來有漂亮的玫瑰花香氣，在溫柔滑順的口感中，充滿著複雜的細節，有著東方氣味的它，搭配東方氣味的巧克力，順理成章。

### 02

#### Glenmorangie Quinta Ruban14 Year Old
#### Single Malt Scotch Whisky

#### 格蘭傑 Quinta Ruban14 年單一麥芽蘇格蘭威士忌

· 搭配 ·

若水、巧克力千層派

最早帶起這波風味桶實驗風潮的酒廠正是格蘭傑，風味桶賦予威士忌的風味更多的新生命，過去蘇格蘭威士忌被侷限在波本桶和雪莉桶兩種風味，透過使用其他不同橡木桶進行短時間的換桶後熟，讓不同的氣味來妝點威士忌，喝起來更豐富精采。波特桶陳年會有甜美的果香，相對雪莉桶有更清楚的葡萄果實氣味，還會讓酒液帶著些微的粉紅色，與巧克力搭配，香氣像是在巧克力上插上了一朵紅色保加利亞玫瑰花。

## STEVEN 的

# 酒 單

### 03

**Laphroaig 10 Year Old Single Malt Scotch Whisky**

## 拉佛格 10 年單一麥芽蘇格蘭威士忌

· 搭配 ·

若水、焦糖醬油法式夾心巧克力

若水略帶點酸度的複雜巧克力氣味，讓我聯想到喝過那頂級的單一莊園藝妓咖啡，那微微的酸度，無限延展了它的層次。泥煤威士忌的搭配讓巧克力隱晦於其中的煙燻感、炭燒味被強化出來了，並轉化成青草香氣，十分迷人。

### 04

**The Balvenie Caribbean Cask 14 Years Old
Single Malt Scotch Whisky**

## 百富加勒比海蘭姆桶 14 年單一麥芽蘇格蘭威士忌

· 搭配 ·

若水、法式熱巧克力

巧克力與威士忌都是個性相當熱情強烈的，當他們彼此搭配時，建議先品嚐甜點，靜待甜味散去，嘴裡還殘留著可可脂的香氣，再飲一口威士忌，如此尾韻的融合極美。這支帶有蘭姆酒香氣的威士忌可以直接加入熱巧克力飲品當中，熱度會帶起陣陣香味的漣漪，原來巧克力飲品的香甜中會多了細緻的焦糖味，像是爆米花的焦糖奶油味。

# 酒 單

## 05

### Whistle Pig 10 Year Old Rye Whiskey
### 口哨豬 10 年美國裸麥威士忌

· 搭配 ·

辣椒香草法式夾心巧克力、巧克力千層派

對於同時出現辣椒和香草氣味的巧克力，是多麼有創造力和讓人驚喜的甜品，不過，對於威士忌來說，老天爺在威士忌還在橡木桶當中熟成時，就把這兩樣看似非常衝突的氣味放了進去，所以對威士忌愛好者來說，如此的味道感覺十分熟悉，一口巧克力，一口帶著香草調與胡椒辣味的美國裸麥威士忌，不亦樂乎。

## 06

### Royal Salute 23 Year Old Blended Scotch Whisky
### 皇家禮炮 23 年調和式威士忌

· 搭配 ·

雪莉桂圓法式夾心巧克力、法式熱巧克力

這支號稱是為了向福爾摩沙之美致敬之作的地區限定版，以台灣東方美人茶高雅的茶香作為調配的發想，也包含了許多亞熱帶水果的香氣，像是鳳梨、水蜜桃、香蕉、芒果，在口中一層層的展現出來，還有特殊的龍眼乾的香氣，透露出強烈的在地氣味。剛好畬室的法式夾心巧克力也以台灣氣味作主軸，發展出了雪莉桂圓，不謀而合，兩者的搭配簡直命中注定。

# STEVEN
### 的
# 酒 單

**07**

## Auchentoshan Three Wood Single Malt Scotch Whisky
### 歐肯特軒三桶單一麥芽蘇格蘭威士忌

· 搭配 ·
巧克力千層派、辣椒香草法式夾心巧克力

蘇格蘭威士忌在近代開始使用多種橡木桶的熟成，來增加多層次的口感，這支歐肯使用三次蒸餾的蒸餾技法，同時也在三種不同橡木桶中熟成，有波本桶、有 Oloroso 雪莉桶，還有 PX 雪莉桶，讓這支顏色深邃的三桶威士忌口感更加厚實、飽滿，而且層次豐富，就像畚室的巧克力千層派一樣，5 種不同的巧克力內餡，一樣豐富的不得了，一口咬下去香酥爽脆，接著渾厚的巧克力風味層層席捲而來，而威士忌就像是站在巧克力浪尖上的衝浪者，跟巧克力的渾厚相比顯得輕盈，卻穩若泰山。

北歐式
咖啡

COFFEE

Fika Fika Cafe

—

# 當威士忌
# 遇上
# 咖啡

# Fika Fika

前年我和朋友相約去北極探極光,走北美路線,途經西雅圖,除了去參觀星巴克的創始店,我們也到了當時極紅的星巴克旗艦店（Reserve Roastery & Tasting Room）,裡面除了結合烘焙咖啡豆工廠,也在不同的吧台展示了許多咖啡的烘焙、沖泡以及調製方式,最讓我感興趣的是,他們結合了咖啡和酒的咖啡風味雞尾酒,不只是我們一般以為的愛爾蘭咖啡而已,那裡的咖啡雞尾酒用著打破以往咖啡和酒結合的制式觀念,深入剖析不同產區,不同處理手段,不同烘焙程度,咖啡風味的細節,再加以美酒精心調製,精彩的程度不輸給美食美酒的完美搭配。

與 Fika Fika 結緣是因為老闆 James 多年前曾邀請我擔任一次台灣生產的咖啡豆烘焙師大賽的評審,他希望那次的評審不是侷限在咖啡界的品味之中,他覺得真正的美味放諸四海皆準,因此除了正統咖啡的專家之外,還有美食專家、茶專家、酒專家一同來加入評鑑,那次我自己也覺得學到許多,也從那次起,我認識了心胸氣度和眼界寬廣的 James。

還記得有一年,一位知名企業家發了一篇評論,談到現在的年輕人都不在產業裡努力了,都跑去開咖啡館,彷彿如此的小確幸侵蝕了整個國家的競爭力。對於這樣的說法,社會正反兩面的看法都有,支持企業家的人,對於現在那些讓人缺乏成就感和封閉制式的工作找不到人材而憂心忡忡;反對這個說法的人,體認到時代的改變,越來越多元化的工作和學習,創新的思維才是新時代的價值。

有一篇商業週刊採訪 James 的文章,跟著 James 來到南投的「百勝村咖啡莊園」。這家被喻為人定勝天的奇蹟所生產的咖啡豆,是 James 招待外國咖啡專業人士來台的必奉飲品,這裡的咖啡豆種植在 400-600 公尺低海拔的檳榔樹下,論海拔,這裡完全不適宜種植咖啡,即使種植咖啡樹,也無法生產品質優良的咖啡豆,而百勝村很清楚先天環境條件不優,便從栽種時的田間管理與咖啡發酵、烘焙等後製著手。

　　從肥料的改良、檳榔樹下遮陰的環境條件改善、厭氧發酵處理法，以及 James 對烘豆知識的協助，讓旱地中的咖啡豆搖身成為身價不凡的精品咖啡豆。2015 年拿到美國精品咖啡協會杯測 84.92 的高分，在當年還創下亞洲第二高分的紀錄。

　　當人們不再菲薄自己手上的工作，並努力深入研究，咖啡館就不只是一家咖啡館，它還能帶動起產業的轉型和升級，也能讓全世界的專家跌破眼鏡，成為值得挺起胸膛接受掌聲的桂冠。

---

**Info.**
Fika Fika 咖啡館·台北市中山區伊通街 33 號｜02-2507-0633

**Menu**
Espresso Based Drink

| | |
|---|---|
| Espresso | $110 |
| Macchiato | $130 |
| Single Cappuccino | $130 |
| Signature Black Coffee | $130 |
| Latte | $150 |
| Flat white | $150 |
| Mocha | $160 |
| Brown Sugar Latte | $200 |

Today's S.O Espresso · 輕食甜點 · 與其他飲品
請見當日櫃檯菜單

Filter Coffee · HoT · ICE

- Colombia Clara 厭氧 · 220 · 240
- Nicaragua Isidoro Catimor · 330 · 350
  (Washed)
- 2019 COE Costa Rica El Paraiso Geisha · 330 · 350
  (Washed)
- El Injerto Est Panama · 450 · 470
  茵赫特 Pandora
- 台中東勢云嶺日曬 · 390 · 410
- Burundi (Washed) · 330 · 350
- Brazil #23 (Natural) · 300 · 320

WHISKY
&
FOOD PAIRING

( 咖啡與威士忌的樂章 )

*01*

## Fika Fika Cafe 的威士忌創作咖啡之 1

深焙的咖啡用義式咖啡機萃取，加上牛奶，做成冰拿鐵，再加上美國裸麥威士忌，很
奇妙的是，裸麥威士忌加上牛奶時，會產生一股特殊的荔枝香氣，這個味道十分迷人。
然後在咖啡最上層再撒上蕎麥，並炙燒蕎麥，燒到有點焦香，麥香味就完整的散發出
來，濃郁的麥香味、蕎麥口感的焦香、荔枝的香甜，加上奶香和咖啡的味道，融合在
一起，一點也不違和，卻是味覺全新的體驗，不只是好喝，透過味蕾的品飲，把我們
的想像力帶到另一個新境界。

★推薦威士忌──

・Whistle Pig 10 Year Old Rye Whiskey 口哨豬 10 年美國裸麥威士忌

・Wild Turkey RYE Whiskey 野火雞美國裸麥威士忌

## 02

### Fika Fika Cafe 的威士忌創作咖啡之 2

第 2 件作品使用布萊迪的波夏威士忌，來自艾雷島的波夏威士忌並沒有太嚇人的消毒水味，比較多是帶著麥芽香甜的煙燻味，更多的人能接受這樣的泥煤炭味，而不是聽到泥煤炭風味就退避三舍，所以這杯咖啡選用了一樣比較香甜日曬處理的衣索匹亞耶加雪菲，它有很好的乾果和果醬味，將它煮成義式濃縮咖啡，放進甜酒杯，作兩層的呈現，咖啡比重較重在下層，而波夏 10 年在上層，杯子上有抹上一半的鹽口，好像是雞尾酒的作法。James 發現一些好喝的泥煤威士忌除了煙燻，都有很精彩的果香味，這樣的風味配上咖啡，鼻腔中有著煙燻感，口腔中滿是香甜，是很享受的組合。

★推薦威士忌──

Bruichladdich Port Charlotte 10 Year Old Single Malt Scotch Whisky
布萊迪波夏 10 年單一麥芽蘇格蘭威士忌

# 03

## Fika Fika Cafe 的威士忌創作咖啡之 3

第 3 杯創作使用從南美洲來的厭氧處理日曬的哥倫比亞咖啡,有發酵製程的介入,是這幾年最時興的手法,咖啡、料理、雞尾酒都可以看到以「發酵」所產生的酸度和濃郁的複雜度,讓美食和飲品創作時產生的氣味更豐富,更上一層樓。這支咖啡豆的果香味和發酵後的氣味很是濃郁,過分清爽的威士忌搭不上,所以就選擇了濃郁厚重的噶瑪蘭雪莉桶威士忌原桶強度,加入新鮮百香果去籽,再加上一點白糖水,讓咖啡的果香、威士忌的果香、百香果的熱帶水果香氣全都融合在一起。

我自己在品鑑威士忌時,發現極品的威士忌在橡木桶熟成的過程中,最終不只是給予木質調性的風味,而有一種轉化過優雅的百香果香,沒想到 James 在設計這款咖啡的過程,心有靈犀,同出一轍。他說自己試驗過不同水果的氣味,百香果加進去就是非常合,當時只覺得驚豔,原來威士忌當中本來就藏著這種味道的基因。

★推薦威士忌——
Kavalan Solist Port Cask Single Malt Taiwanese Whisky
**噶瑪蘭經典獨奏波特桶單一麥芽台灣威士忌**

James 在 2013 年曾獲得北歐杯咖啡烘焙大賽雙料冠軍，他的咖啡館也名列國外旅遊網站－亞洲 50 間最佳咖啡店之一。當我提出了威士忌和咖啡的搭配，他毫無異議地幫我的書設計了 3 款威士忌與咖啡的搭配，聽說未來在 FikaFika 咖啡館也都喝得到。

# 結語：
# 如果威士忌是一首歌曲

前年 11 月的第一天，我的行事曆只記錄了一個行程：去國家音樂廳。參加爵士鋼琴大師 Chick Corea 的音樂會。這位獲獎無數的大師今年已經 70 幾歲了，是少數還站在舞台上，可以讓我這位大叔說：「從我年輕時就一路聽著他的音樂長大」的爵士鋼琴家。

這位阿伯在舞台上仍然神采奕奕，更像個老頑童似的，把肅穆莊嚴的國家音樂廳變成隨興自在的鋼琴酒吧，變成家裡的客廳，在他手上行雲流水般音符的饗宴，以同樣無比的自由，詼諧靈動的方式觸動人心。到了下半場，他拖了一張椅子到鋼琴旁邊，並告訴我們，他在小時候最喜歡和家人一起玩的遊戲：以即興演奏的方式，用音樂彼此輪流勾勒出對方的「肖像」。

當場，他便邀請一男一女的聽眾上台，親自為他們畫出專屬的音符肖像畫，果然，在他的觀察下，他們的個性迥異鮮明，僅一首曲子的時間，便彷彿讓我們與這兩位陌生人熟悉了起來。在我陶醉於音樂的同時，卻止不住地思考著，音樂是如何被創造的？如何建立能夠讓人感動和共鳴的頻率？在 Chick Corea 大師的音樂背後，他的腦子是如何運作的呢？如果如同電影「駭客任務」的世界，世界萬物皆是由程序碼所架構組成，那麼我想 Chick Corea 的程序碼絕對與常人非常的不同，才能編輯出如此美好、有特色、辨識度高的音樂作品，同時又能感動人心。

在過去演講的場合，我常常和聽眾分享一個故事，我的一位朋友在他功成名就之後，不斷嘗試各式各樣的方法和途徑，努力找回自己在忙碌著追求金錢和成功的過程，不小心在生活中消磨掉的、那鈍化的五感，希望能重新尋回來。而最後，他發現了威士忌。對他而言，喝威士忌不是為了買醉或是麻痺自己，反而在認真

品飲的過程中能夠讓感官重新覺醒，我想，這也是許多威士忌品飲者同樣的心路歷程。

在音樂會上，當我對於美好的演奏感動莫名時，我同時也在思考著，對威士忌的品飲者來說，威士忌會帶給感官什麼樣的刺激，能夠產出什麼樣的美好事物？是一篇篇嘔心瀝血的威士忌品飲筆記？是手機上一張張錯過了就再也喝不到了的絕版威士忌照片？還是為了證明自己的英雄氣慨而過分勉強自己從嘴裡阻止不了而湧出的反芻物呢？

撇開這些，如果我們再浪漫一些，是不是可以將品飲威士忌的感受畫成一幅畫？寫下一首詩？做了一首歌？或甚至跳了一段舞？

回想自己過去 30 年和威士忌交歡的歲月，一開始它只是個商品，有標價、有通路，還有許多促銷活動，爲了理解商品的價值，在那個訊息匱乏的時代，我選擇飛到產地去一探究竟，這一探，不可收拾地接連著後續永無止盡的探索。對我來說，威士忌已經從「它」變成了「他」或是「她」，當我深刻感受了蘇格蘭文化，四處拜訪蘇格蘭每一處土地，更和製酒者們不停歇的對話交流，以各種立場和角度理解著威士忌，從中學習，並反映在自己的生活。

　　我和威士忌成了好朋友，因爲熟識，我開始認眞聆聽它所敍述的事情，不僅僅是風味，更多的是反應蘇格蘭酒廠和當地人們的大小事，用一種文化性、哲學性的思考方式。

　　人生的路總是起起伏伏，威士忌卻始終是我忠誠的朋友，更升級爲亦師亦友的陪伴。在腦袋混沌想不明白時，幫我打開一盞明燈；在失意被無力感包圍時，給我跋山涉海般的力氣；在對未來的可能性缺乏信心時，給我一根定海神針；在品飲時，威士忌無語，卻一而再再而三的反映了我們自己，同時也教會了我反省。

　　最後，我想唱一首歌做爲結尾：

　　人生短短幾個秋，
　　不醉不罷休，
　　東邊我的美人兒啊，
　　西邊黃河流，
　　來呀來個酒啊，
　　不醉不罷休，
　　愁情煩事別放心頭。

國家圖書館出版品預行編目 (CIP) 資料

執杯大師的威士忌酒食風味學：從 108 支酒體驗餐酒搭
化繁為簡的品飲樂趣 /
林一峰 Steven LIN 著 . -- 初版 . -- 新北市 : 幸福文化出版 : 遠足文化發行 , 2020.11
面 ； 公分
ISBN 978-986-5536-24-4( 平裝 )

1. 威士忌酒
463.834          109015875

執杯大師的威士忌酒食風味學

從108支酒體驗餐酒搭化繁為簡的品飲樂趣

作　　者・林一峰 Steven
主　　編・蕭歆儀
特約攝影・陳家偉、李正崗
封面與內頁設計　謝捲子
印　　務・黃禮賢、李孟儒

出版總監・黃文慧
副 總 編・梁淑玲、林麗文
主　　編・蕭歆儀、黃佳燕、賴秉薇
行銷總監・祝子慧
行銷企劃・林彥伶、朱妍靜

社　　長・郭重興
發行人兼出版總監・曾大福

出　　版・幸福文化出版社 / 遠足文化事業股份有限公司
地　　址・231 新北市新店區民權路 108-1 號 8 樓
粉 絲 團・https://www.facebook.com/Happyhappybooks/
電　　話・（02）2218-1417
傳　　眞・（02）2218-8057

發　　行・遠足文化事業股份有限公司
地　　址・231 新北市新店區民權路 108-2 號 9 樓
電　　話・（02）2218-1417
傳　　眞・（02）2218-1142
電　　郵・service@bookrep.com.tw
郵撥帳號・19504465
客服電話・0800-221-029
網　　址・www.bookrep.com.tw
法律顧問・華洋法律事務所 蘇文生律師

印　　製・凱林彩印股份有限公司
地　　址・114 台北市內湖區安康路 106 巷 59 號 1 樓
電　　話・（02）2796-3576

初版一刷・西元 2020 年 11 月
初版二刷・西元 2020 年 12 月
Printed in Taiwan